Manfred Achilles

Historische Versuche der Physik

Funktionsfähig nachgebaut

69 Abbildungen

Springer-Verlag Berlin Heidelberg New York
London Paris Tokyo Hong Kong

Professor Manfred Achilles
Institut für Fachdidaktik der Physik, TU Berlin, Hardenbergstraße 36, D-1000 Berlin 12

ISBN-13: 978-3-540-51587-6   e-ISBN-13: 978-3-642-46683-0
DOI: 10.1007/978-3-642-46683-0

CIP-Titelaufnahme der Deutschen Bibliothek
Achilles, Manfred: Historische Versuche der Physik: funktionsfähig nachgebaut / Manfred Achilles.
Berlin; Heidelberg; New York; London; Paris; Tokyo; Hong Kong: Springer, 1989

Bindearbeiten: J. Schäffer GmbH & Co. KG., D-6718 Grünstadt
2156/3150-543210 – Gedruckt auf säurefreiem Papier

Professor Dr. Walter Bünger (1905–1988)
in Dankbarkeit gewidmet

Vorwort

Anläßlich der 51. Physikertagung der Deutschen Physikalischen Gesellschaft im April 1987 in den Gebäuden der Technischen Universität Berlin erstellte das "Institut für Fachdidaktik Physik und Lehrerbildung" in seinen Räumen eine Ausstellung "*Historische Versuche - funktionsfähig nachgebaut*", die über die Tagung hinaus ganztägig geöffnet und auch der interessierten Öffentlichkeit zugänglich war.

Besucher dieser Ausstellung regten an, die gezeigten Versuche einem größeren Kreis zugänglich zu machen. Ein schnell geschriebenes Manuskript reichte nicht aus. Erfreulicherweise machte mir der Springer-Verlag das Angebot, eine ausführliche Version anzufertigen für Physiker, Wissenschaftshistoriker, denen das Experimentieren fern steht, Physiklehrer, Ingenieure, Techniker und interessierte Laien.

Über zwanzig Fallstudien aus unterschiedlichen Zeiten und mit unterschiedlichem Schwierigkeitsgrad werden in 19 Kapiteln vorgestellt. Jedes Kapitel beginnt mit einer Kurzbiographie des Physikers, die im zweiten Abschnitt durch eine Zusammenfassung seiner wissenschaftlichen Leistungen im Hinblick auf die im dritten Abschnitt dargestellten Experimente ergänzt wird. Die "Biographien" und die "Wissenschaftlichen Leistungen" sind kurz gefaßt und haben nur eine abrundende Aufgabe. Für einige Kapitel (2, 4, 17, 18, 19) waren biographische Recherchen erforderlich, da die Lebensläufe der besprochenen Physiker nicht oder nur durch Nachrufe bearbeitet sind. Als Pädagoge interessierten mich im biographischen Abschnitt Kindheit, Schulbildung, Jugend und Studium eines später Prominenten besonders. Leider haben sich keine Regeln finden lassen, wie sich ein später Erfolgreicher frühzeitig verrät. Aus "Wunderkindern" und aus "Spätentwicklern" unterschiedlichster Herkunft sind bedeutende Wissenschaftler geworden.

Der Kern des Buches ist aber der Bericht über das Nachexperimentieren von 25 "historischen Versuchen". Einige davon stellen eine Auswahl der Arbeiten dar, die im letzten Jahrzehnt in physikhistorischen Seminaren unseres Institutes angefertigt worden sind. Originale Texte und Skizzen von Physikern, beginnend bei I.Newton und endend bei E.W.Müller, zeigen den Ausgangspunkt der Bemühungen, die durch etliche Besuche europäischer naturwissenschaftlicher Museen, teilweise während studentischer Exkursionen, ergänzt wurden. Photographien und Meßergebnisse belegen jeweils im dritten Abschnitt das Resultat der Nacharbeit. Beim Durchblättern wird der Kundige auf den Bildern manche historischen Experimente spontan erkennen und Interessantes nachlesen. Beim Nachexperimentieren kam es mir weniger darauf an, eine Anordnung materialmäßig "antik" zu gestalten, indem auch Drechslerarbeiten und anderer Zierat der Apparate nachgeahmt wurden, sondern mehr darauf, die ursprüngliche Funktion zu rekonstruieren. Ich scheute mich auch nicht, moderne Versorgungsgeräte, wie sie in jeder physikalischen Sammlung zu finden sind, immer dann zu benutzen, wenn sie das Experiment nicht verfälschten.

Mein Dank gilt Herrn Stud.Dir. F.G.Rheingans, Berlin, der mir aus seinem Arbeitsgebiet das Kapitel 2 (Fahrenheit) zusammenstellte, Herrn Dr.B.Weiss, Berlin, der seine Dissertation für die Anfertigung des Kapitels 4 (Prevost und Pictet) nutzte, und Herrn Gesamtschulrektor E.Swinne, Berlin, der dank seiner biographischen Arbeiten über H.Geiger das Kapitel 18 schrieb. Herr Mechanikermeister W.Steuer fertigte mit großem Einfühlungsvermögen etliche Geräte in der Werkstatt an und zeichnete die Skizzen, teilweise nach historischen Vorbildern. Unschätzbare Hilfe gewährte mir Herr Priv.-Doz. Dr.K.H.Wiederkehr, Hamburg, der freundlicherweise nicht nur kritisch wissenschaftliche Korrektur las, sondern zusätzliche und wichtige Verbesserungsvorschläge machte. Auch hat frühzeitige Kritik von Herrn Dr.H.-U.Daniel, Springer-Verlag, dem weiteren Schreiben die Richtung gegeben.

Berlin, im Oktober 1989   Manfred Achilles

Inhaltsverzeichnis

1. Isaak Newton und das „Experimentum crucis"

1.1 Biographisches

Isaak Newton wurde am 25.12.1642 (Julianischer Kalender) in dem Dorf Woolsthorpe in Mittelostengland (Lincolnshire) nach dem Tode seines Vaters geboren. Seine Mutter heiratete nach zwei Jahren abermals, und zwar einen Geistlichen namens Smith, woraufhin der junge Isaak der Erziehung der Großmutter und des Onkels überlassen wurde. Seine erste Schulbildung erhielt Isaak in benachbarten Dorfschulen; erst im 12. Lebensjahr bezog Isaak die Lateinschule in Grantham und blieb dort vier Jahre. Als auch der Stiefvater verstarb, kehrte die Mutter nach Woolsthorpe zurück, übernahm wieder die Erziehung und wollte aus ihrem fast erwachsenen Sohn einen Landwirt machen. Isaak war aber am Lernen viel mehr interessiert; trotzdem half er widerwillig in der Landwirtschaft. Der Rektor der Schule und ein Pfarrer bedrängten die Mutter, ihren Sohn weiter zur Schule zu schicken. Die Mutter gab schließlich nach, und Isaak konnte erneut die Schule in Grantham bis zur Studienreife besuchen [WUSSING, 1978a].

Nebenbei entwickelte Newton seine Bastel- und Experimentierfertigkeiten und sein Zeichentalent. Da er in Grantham in einer Apotheke zur Pension untergebracht war, hatte er früh Möglichkeiten zum chemischen Experimentieren. Newton war zwar ein allgemein interessierter, begabter junger Mann, aber nichts deutete auf Genialität hin. Er lernte Latein, Griechisch, Hebräisch und später auch Französisch. Der Mathematikunterricht ist wohl in Grantham nicht von besonderem Einfluß auf Newton gewesen. Sein Schulleiter erkannte aber die Fähigkeiten Newtons und entließ ihn zum Studium nach Cambridge (1661).

Newton begann das Studium am Trinity College in Cambridge. Da er nicht vermögend war, erhielt er ein Stipendium und mußte dafür zahlende Studenten bedienen [WUSSING, 1978b]. Auch galt Newton als Studienanfänger mit 19 Jahren, verglichen mit anderen Studenten, als erheblich überaltert. Die Ausbildung in Cambridge soll in dieser Zeit sehr konservativ und auf den Beruf des Geistlichen zugeschnitten gewesen sein. Newton wäre auch Pfarrer geworden, wenn nicht ein Zufall sein Interesse in andere Richtung gelenkt hätte. Bald nach Beginn seines Studiums wurde nämlich 1663 ein naturwissenschaftlicher Lehrstuhl gestiftet, den I.Barrow (1630-1677) erhielt. Newton verdankt Barrow seine naturwissenschaftliche und mathematische Ausbildung [WUSSING, 1978c]. Der neue Professor wurde auf den jungen Mann schnell aufmerksam, respektierte und förderte ihn. 1664 bestand Newton sein erstes Examen, er wurde "Scholar".

1665 schloß die Universität wegen der Pest, die sich über ganz England ausgebreitet hatte, ihre Pforten, was Newton zur Flucht in seine Heimat Woolsthorpe veranlaßte. Dort blieb er vermutlich bis 1667 [WUSSING, 1978d]. In seinem Heimatdorf sozial völlig isoliert, durchlebte Newton die produktivsten Jahre seines Lebens. Wie wir aus seinen Notizen wissen, wurden hier alle seine späteren, wissenschaftlichen Leistungen konzipiert. Zahlreiche Anekdoten ranken sich um diesen zweijährigen Landaufenthalt.

1667 kehrte Newton nach Cambridge zurück und stieg rasch auf der akademischen Stufenleiter auf. Schließlich wurde er 1669 Professor. Barrow verzichtete zugunsten Newtons auf seinen eigenen Lehrstuhl in Cambridge. Die Vorlesungen aber, die Newton ab 1670 hielt, waren so anspruchsvoll, die Inhalte so neuartig, daß er Schwierigkeiten hatte, die Hörer mitzureißen. Newton, der große Forscher, wurde nie ein bedeutender Hochschullehrer [WUSSING, 1978e].

Bis 1696 blieb Newton in Cambridge, wo er sich Weltruhm errang. Er pflegte eine reichhaltige Korrespondenz mit Wissenschaftlern aus aller Welt wie G.W.v.Leibniz und J.Locke und den Mitgliedern der Royal Society. Mit Publikationen hielt sich Newton zurück; vieles was hier entstand, ist erst in der Londoner Zeit veröffentlicht worden [WUSSING, 1978f]. Zwischen 1692 und 1695 hatte Newton eine Gemütskrankheit zu überstehen, nach deren Überwindung sich sein Wesen offenbar verändert hat. Streitigkeiten mit anderen Wissenschaftlern häuften sich, und man sagte Newton beachtlichen Hochmut und Rechthaberei nach [WUSSING, 1978g].

Ein Schüler von Newton, der großen Einfluß in London bekommen hatte, verschaffte ihm den Posten eines "Aufsehers der königlichen Münze" in der Hauptstadt. Newton hatte nämlich neben seinen wissenschaftlichen Fähigkeiten auch organisatorische, so daß man ihm zutraute, das zerrüttete englische Münzsystem zu sanieren. 1696 trat er sein neues Amt an. Als ihm das Umprägen der nicht fälschungssicheren englischen Münzen in kurzer Zeit gelang, wurde er 1699 zum Direktor der Münze auf Lebenszeit ernannt, ein Amt, das er bis 1725 ausübte.

1703 wurde Newton Präsident der Royal Society und bis zu seinem Tode immer wieder im Amt bestätigt. 1705 erhob Königin Anna ihn in den Adelsstand. In der Londoner Zeit war Newton wissenschaftlich nur noch wenig

produktiv, dagegen überarbeitete er frühere Publikationen und wertete schon früher gefundene Entdeckungen und Entwürfe aus. 1704 veröffentlichte er die "Opticks", die Zusammenfassung seiner optischen Forschungen, und 1713 die zweite Auflage der "Principia" (Philosophiae naturalis principia mathematica - Die mathematischen Prinzipien der Naturphilosophie, erste Auflage 1686). Mit diesem Lehrbuch schuf Newton die Grundlage der heutigen Physik, die die Mathematik zur Beschreibung der Phänomene benutzt. Die Neuauflage war besonders durch die intensive Mitarbeit des Mathematikers R.Cotes (1682-1716) möglich geworden, der jede Zeile überprüfte und den Grundstock zur späteren Newtoninterpretation legte, nach der man keine Hypothesen machen dürfe (bezüglich der Gravitation) [WUSSING, 1978h]. Das berühmte Zitat Newtons "Hypotheses non fingo" (Hypothesen mache ich nicht) wollte Cotes nicht als Willenserklärung zu vorurteilsloser Forschung, sondern wörtlich aufgefaßt wissen.
Newton starb am 21.3.1726 (jul.Kal.) in Kensington (London). Sein Grabmal befindet sich in der Westminster Abbey.

1.2 Wissenschaftliche Arbeiten zur Optik

Newton ist offenbar während seiner Studienzeit durch die Optikvorlesungen seines Lehrers Barrow, dem er bei den Druckvorbereitungen für ein Optiklehrbuch half, zum optischen Experimentieren angeregt worden. Bereits 1664 besaß er ein Prisma und machte ein Jahr darauf in Woolsthorpe mit diesem seine bahnbrechenden Experimente zur Zerlegung des weißen Lichtes, Dispersion genannt.

Die zu Newtons Zeit gebräuchlichen Fernrohre fielen durch beachtliche Linsenfehler auf. Besonders der chromatische Fehler, der Farbränder um die Bilder im Fernrohr entstehen ließ, wurde allgemein für unvermeidlich gehalten, weil er bei allen Konstruktionen von Fernrohren auftrat. Auch Newton schloß sich aufgrund der Entdeckung der Dispersion dieser Meinung an und suchte die chromatische Abberation durch die Verwendung sphärischer Spiegel zu umgehen. So entstand 1668 das Spiegelteleskop. Sein erstes Modell gab zu Hoffnungen Anlaß, da Newton trotz der Kleinheit des Gerätes Jupitermonde, Venusphasen u.ä. erkennen konnte. Ermutigt baute er ein größeres Exemplar und schickte es der Royal Society zur Prüfung. Da die Gesellschaft die Leistung des neuen Fernrohrtyps ausgezeichnet fand, wurde Newton 1672 zum Mitglied der Royal Society gewählt [WUSSING, 1978i]. Das Spiegelteleskop erfreute sich bei den Anwendern dennoch keiner Beliebtheit, weil der Metallspiegel schnell anlief und ein häufiges Nachpolieren erforderte.

Als Newton 1669 , wie erwähnt, Nachfolger Barrows in Cambridge wurde,
las er über die Optik. Er glaubte aber nicht, daß seine Farbtheorie, die
er vor Jahren ausgearbeitet hatte, auf großes Interesse bei der Studen-
tenschaft stoßen würde, und ließ sie einfach weg. Als er aber Akademiemitglied geworden war, reichte er der Royal Society eine ausführliche
Schrift ein mit dem Titel "New Theory about Light and Colours" (1672). In
diesem Brief beschrieb Newton ausführlich das "Experimentum crucis"
(wörtlich: Das Experiment am Scheidewege) über die Farbentstehung beim
Licht, das hier im Mittelpunkt des Interesses steht. Ein "Experimentum
crucis" ist ein Experiment, das aus mehreren möglichen Auffassungen zu
einer Sache die zutreffendste auszuwählen gestattet. Hier meinte er, daß
das farbige Licht im weißen enthalten sein müsse, weil man farbiges nicht
weiter zerlegen, dagegen wieder zu weiß zusammensetzen könne. Das Experiment zeige es eindeutig.

Newton gab in aller Ausführlichkeit die Versuchsanordnung an, mit der
er das "Experimentum crucis" ausführte:
"Ich nahm zwei Bretter und stellte eines davon dicht hinter das Prisma am
Fenster, so daß das Licht durch ein kleines, zu diesem Zweck darin ge-
machtes Loch hindurchgehen konnte und auf das andere Brett fiel, das ich
in 12 Fuß Abstand aufstellte, und in das ich ebenfalls vorher ein Loch
gemacht hatte, damit ein Teil des auffallenden Lichtes hindurchgehen
konnte. Dann stellte ich hinter dieses zweite Brett ein zweites Prisma,
so daß das durch beide Bretter hindurchgegangene Licht auch durch dieses
gehen mußte, um noch einmal gebrochen zu werden, bevor es auf die Wand
auftraf. Dann nahm ich das erste Prisma zur Hand und drehte es langsam so
weit um seine Achse hin und her, daß nach und nach verschiedene Teile des
auf das zweite Brett geworfenen Bildes durch das Loch hindurchgingen, damit ich beobachten konnte, zu welchen Stellen an der Wand hin sie von dem
zweiten Prisma gebrochen wurden. Aus der Verschiebung dieser Stellen sah
ich, daß das Licht von demjenigen Ende des Bildes, zu dem die Brechung
des ersten Prismas hin erfolgte, im zweiten Prisma eine beträchtlich größere Brechung erfuhr als das Licht, das vom anderen Ende kam. Damit war
die wahre Ursache der Länge des Bildes aufgedeckt; sie besteht in nichts
anderem, als darin, daß das Licht aus unterschiedlich brechbaren Strahlen
besteht, die, unabhängig von der Verschiedenheit des Einfallswinkels, je
nach ihrem Grade der Brechbarkeit zu verschiedenen Stellen der Wand ge-
leitet werden." [WUSSING, 1978j]

Newtons Theorie, daß weißes Licht aus Spektralfarben zusammengesetzt
sein solle, fand keineswegs ungeteilte Zustimmung in der Wissenschaft.
Vor allem R.Hooke (1635-1703), Sekretär der Royal Society und Begründer
einer eigenen Lichttheorie, widersprach, weil Newton z.B. nicht die Far-

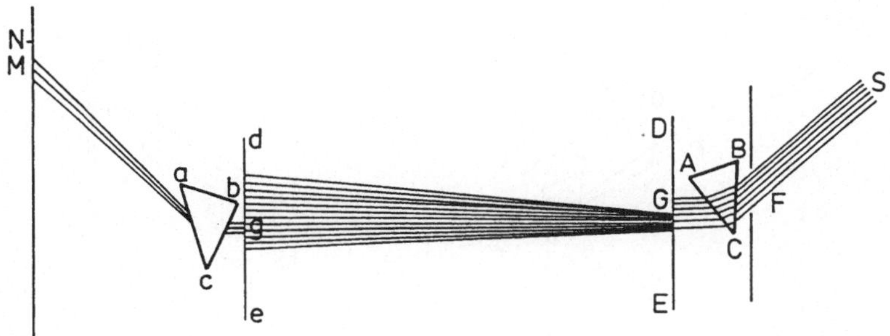

1.1 Anordnung des "Experimentum crucis" [NEWTON, 1730]; in der Handzeichnung des Briefes von 1672 bricht das zweite Prisma nach unten

ben dünner Plättchen erklären konnte, und meinte sarkastisch, daß die Töne einer Orgel doch nicht schon in der Luft enthalten seien. Hieraus entwickelte sich eine unerfreuliche, teilweise polemische Diskussion zwischen Hooke und Newton. Es scheint, daß Newton, um endlosen Streit zu vermeiden, die "Opticks" absichtlich erst nach Hookes Tod herausgegeben hat.

Die Abb.1.1 zeigt die Zeichnung von Newton zum "Experimentum crucis", entnommen aus seiner "Opticks" [NEWTON, 4.1730], in der der Name "Experimentum crucis" nicht mehr vorkommt. Die ältere Handskizze von 1672, auf die sich der zitierte Text bezieht, ist symmetrisch umgekehrt, im Prinzip aber gleich. Auf späteren Zeichnungen kann man erkennen, daß Newton an Stelle des Loches eine Sammellinse benutzt hat, um das "Experimentum crucis" lichtstärker auszuführen. Wenn man vom Spalt absieht, besaß er damit einen vollständigen Spektralapparat

1.3 Nachvollzug des „Experimentum crucis"

Newtons Beschreibung des Versuches ist so ausführlich, daß ein Nachexperimentieren besonders einfach ist (Abb.1.2). Allerdings wurde auf die Sonne als Lichtquelle verzichtet; an ihrer Stelle trat eine elektrische Experimentierleuchte, die vom ersten Prisma aus betrachtet unter einem Winkel von 0,5° erschien, um den Öffnungswinkel der Sonne zu imitieren. Diese Voraussetzung ist nicht unwesentlich. Newton hat, ohne sich darüber im klaren zu sein, einen Lochkamera-Spektralapparat benutzt. Sein Spektrum bestand also aus einer Reihe von Abbildungen der Sonne in verschiedenen Farben, hervorgerufen durch die Abbildungswirkung des ersten Loches. Die Sonnenbilder überlappten wegen ihrer relativen Kleinheit aber nur wenig und waren weitgehend in den Spektralfarben sichtbar. Wäre der

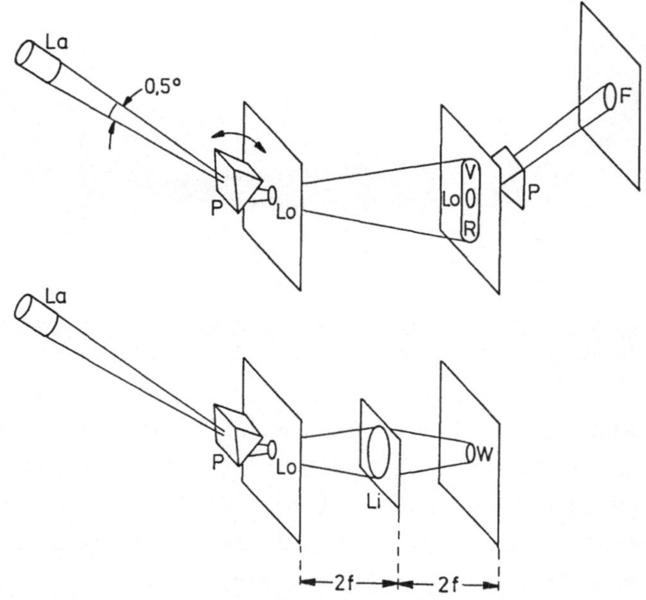

1.2 Schema des Nachbaus des "experimentum crucis" mit modernen Mitteln;
(links oben) Kondensorlampe mit einem Öffnungswinkel von 0,5° (Öffnungswinkel der Sonne); (links) erstes Prisma, dahinter erstes Brett mit Loch;
im Abstand von ca. 1m zweites Brett mit Loch; dahinter zweites Prisma;
die Linse (f=250mm) im unteren Teil der Skizze bildet das erste Loch auf
dem zweiten Brett ab, dabei vereinigt sie das dispergierte Licht wieder
zu weiß

Öffnungswinkel der Sonne dagegen größer, hätten die einzelnen Farbbilder
so weit überlappt, daß die Mitten weiß geblieben wären; nur die Ränder
wären farbig gewesen, eine Erscheinung, die allgemein bekannt war. Blickt
man nämlich mit dem Auge durch ein Prisma hindurch, sind zwar alle Ränder
von Gegenständen senkrecht zur Brechrichtung farbig, ein Spektrum kann
man aber nicht erkennen. Weiterhin kann man dem Vorschlag Newtons folgen,
das in die Spektralfarben zerlegte Licht wieder zu weiß zusammenzusetzen.
Dazu benutze man eine Sammellinse geeigneter Brennweite. Es muß dabei das
erste Loch, das am ersten Prisma steht, auf dem Schirm abgebildet werden,
d.h. es muß das Abbildungsgesetz erfüllt sein. Der geringste Abstand beträgt dann vier Brennweiten der benutzten Linse. Hier wurde eine Linse
mit f=250mm benutzt.

2. Daniel Gabriel Fahrenheit und das Thermometer

2.1 Biographisches

Daniel Gabriel Fahrenheit war das älteste von fünf Kindern einer wohlhabenden Kaufmannsfamilie in Danzig, dem heutigen Gdansk. Er wurde am 24.5.1686 geboren und bis zu seinem 12. Lebensjahr von Hauslehrern unterrichtet. Ab 1698 besuchte er die Marienschule, um sich auf das Studium der Medizin am Akademischen Gymnasium des Franziskanerklosters vorzubereiten. Der plötzliche Tod seiner Eltern 1701 gab dem Leben der Waisen eine jähe Wende. Die Vormünder der Kinder, die wie die Eltern Kaufleute waren, hielten von einer akademischen Ausbildung wenig, sondern bereiteten vielmehr den jungen Fahrenheit durch Unterricht in der Buchhaltung auf eine Kaufmannslehre vor. Widerwillig trat er 1702 die Lehre in Amsterdam an und beendete sie vier Jahre später; aber er entzog sich dem dringenden Wunsch der Vormünder, eine Stelle bei der Ostindien-Companie anzunehmen. Da er noch nicht volljährig war, erwirkten die Vormünder 1707 beim Danziger Stadtrat eine Vollmacht an die Amsterdamer Obrigkeit, ihre Mündel mit Arrest zu belegen. Die Erziehungsmaßnahmen der Vormünder hatten nicht die erhoffte Wirkung. Fahrenheit, der wahrscheinlich schon während seiner Lehrzeit begonnen hatte, sich mit der Herstellung von Thermometern und Barometern zu beschäftigen, reiste im Ostseeraum umher und war unauffindbar. 1708 besuchte er den Bürgermeister von Kopenhagen und Astronomen O.Roemer. Dieser konnte bereits reproduzierbare Thermometer herstellen, und Fahrenheit übernahm dessen Skala. Zwei Jahre später versöhnte er sich mit seinen Vormündern und erhielt sein Erbteil. Nach einer Reise durchs Baltikum arbeitete er mit dem befreundeten Mathematiker P.Pater in Danzig über Themen, die nicht überliefert sind. Es kann aber angenommen werden, daß Fahrenheit seine Kenntnisse der Mathematik zu verbessern versuchte. 1713/14 hielt er sich in Berlin auf und experimentierte mit "Potsdamer Glas" und Quecksilber. Vermutlich gelang ihm in Berlin die Herstellung geeigneter Alkoholthermometer, denn die Königlich Preussische Societät der Wissenschaften erhielt 1714 von ihm vier übereinstimmende, meteorologische Thermometer [RHEINGANS, 1987a]. 1714 übergab Fahrenheit auch dem Professor für Philosophie und Mathematik in Halle, Ch.Wolff, ein Doppelthermometer mit einer gemeinsamen Skala zur Prüfung, was diesen im selben Jahr zu einem schriftlichen, positiven Bericht veranlaßte. Die Konstruktion dieses Thermometers ist überliefert, der Nachbau ist in 2.3 beschrieben.

Bei seinen Aufenthalten in Halle, Dresden und Leipzig in den Jahren 1714 bis 1716 beschäftigten Fahrenheit optische Probleme, die Konstruktion einer Perpetuum Mobile-Maschine und Arbeiten an einer Präzisionsuhr. Mit G.W.v.Leibniz korrespondierte er nicht nur über wissenschaftliche Fragen, sondern er bat ihn auch um Hilfe bei der Suche nach einer Anstellung, was aber in Deutschland nicht gelang. Er galt - wohl wegen seiner fehlenden akademischen Ausbildung - nicht als Wissenschaftler, sondern als Künstler und Mechanicus. 1717 ließ er sich in Amsterdam nieder und führte als Hersteller von physikalischen Instrumenten und Lehrgeräten ein ruhigeres Leben als zuvor. Auch hielt er physikalische und chemische Vorlesungen und veröffentlichte zwei Beiträge über Barometer (1722/23). Mit den führenden niederländischen Naturwissenschaftlern H. Boerhaave, W. Jacob 's Gravesande und später auch mit P.v.Musschenbroek entwickelte sich eine fruchtbare Zusammenarbeit. Die Aufnahme in die Royal Society 1724 bedeutete für Fahrenheit eine hohe Ehre und Würdigung seiner wissenschaftlichen Arbeit. In den "Philosophical Transactions" desselben Jahres veröffentlichte er fünf Aufsätze. Zu seinem großen Bekanntenkreis gehörte auch der schwedische Naturforscher C.v.Linné [COHEN, 1936], der sich zwischen 1735 und 1738 in den Niederlanden aufhielt und später die Aufwärtszählung der Celsiusskala von 0°C (Gefrierpunkt des Wassers) und 100°C (Siedepunkt des Wassers) anregte.
Fahrenheit starb am 16.9.1736 in Den Haag während des Patenterteilungsverfahrens für eine von ihm erfundene Wasserhebemaschine.

2.2 Wissenschaftliche Arbeiten

Fahrenheit stellte als erster genaue, vergleichbare und an jedem Ort reproduzierbare Thermometer für verschiedene Zwecke her, nämlich meteorologische Thermometer (0°F bis 96°F), Fieberthermometer (bis 128°F und 132°F) und Thermometer zur Bestimmung des Siedepunktes von Flüssigkeiten (bis 600°F). Dabei löste er eine Fülle von technischen Problemen: Reinheit der Füllflüssigkeit (Alkohol und Quecksilber), Ausdehnungseigenschaften des Glases und der Füllflüssigkeit, Verfahren zum Evakuieren und Füllen des Thermometers. Zur Kalibrierung verwendete er ein Referenzthermometer, dessen Fixpunkte ursprünglich der Gefrierpunkt des Wassers

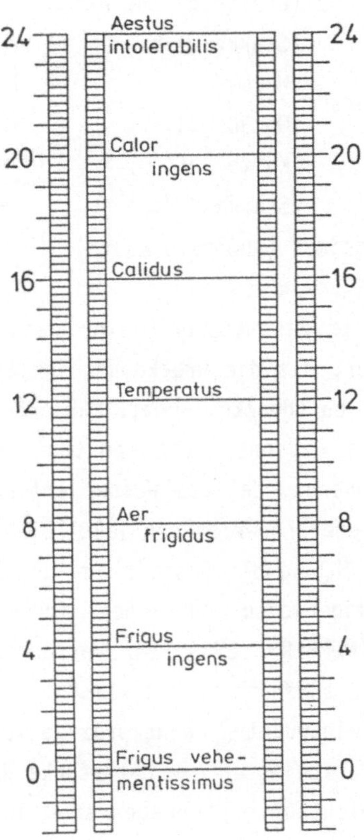

2.1 Skizze der Skala des Doppelthermometers von Fahrenheit (1714)

(32°F) und die Körpertemperatur eines gesunden Menschen (96°F) waren. Den biologisch begründeten Fixpunkt verwarf er, als er feststellte, daß die Körpertemperatur nicht konstant war, und ersetzte ihn durch eine bestimmte Ausdehnung des Quecksilbers, der eine Temperaturdifferenz entsprach [STAR, 1983a]. Die Zuordnung von 212°F zum Siedepunkt des Wassers erfolgte erst in den dreißiger Jahren des 18.Jahrhunderts.

Eine Nachempfindung der Skala, die Fahrenheit dem Doppelthermometer hinterlegte, das er Ch.Wolff lieferte, zeigt Abb.2.1 [RHEINGANS, 1987b]. Zu diesem Zeitpunkt hatte er den Eispunkt noch mit 8°, die Bluttemperatur mit 24° definiert. Später betrachtete er die Viertelgrade dieser Skala als ganze Grade und erhielt die heute noch in den USA verwandte Fahrenheitskala. Sehr eindrucksvoll war die Grobeinteilung für die, die keine Zahlenskala zu lesen wußten, aber der lateinischen Sprache mächtig waren:

Aestus intolerabilis (Unerträgliche Hitze) 24°=96°F ca.36°C
Calor ingens   (Starke Wärme)   20°=80°F ca.27°C
Calidus   (Warm)   16°=64°F ca.18°C
Temperatus   (Gemäßigt)   12°=48°F ca. 9°C
Aer frigidus   (Kalte Luft)   8°=32°F = 0°C
Frigus ingens   (Starke Kälte)   4°=16°F ca.-9°C
Frigus vehementissimus (Äußerste Kälte)   0°= 0°F ca.-18°C

Weiterhin konstruierte er das Hypsobarometer, ein heute unübliches, meteorologisches Barometer, das die Druckabhängigkeit des Siedepunktes des Wassers zur Messung des Luftdruckes nutzt. Fahrenheit hatte entdeckt, daß die Siedetemperatur des Wassers nicht konstant ist, sondern vom atmospärischen Luftdruck abhängt, der das Wasser entsprechend der Wetterlage einige Grade niedriger oder höher sieden läßt [STAR, 1983b].

Er klärte die Unterkühlung des Wassers auf und stellte tiefe Temperaturen bis -40°F (zufälligerweise -40°C) her, indem er Eis wiederholt mit Salpetersäure übergoß [MOMBER, 1890], ein Verfahren für Kältemischungen, das auch M.A.Pictet 1786 anwandte (siehe Kap.4).

Die Royal Society beeindruckten seine präzisen Dichtebestimmungen, ein Aräometer, bei dem die aufgelegten Gewichtsstücke das Ergebnis nicht verfälschten, und seine Dichteuntersuchungen an Golderzen. Dabei stieß er auf das "Beigold", legte es frei, erkannte es aber nicht als Platin [MEYER, 1951].

Seine optischen Arbeiten orientierten sich bevorzugt an praktischen Erfordernissen: er konstruierte einen brauchbaren Heliostaten, weiterhin ein verbessertes Spiegelteleskop und ein Demonstrationsmodell des menschlichen Auges [STAR, 1983c]. (F.G.Rheingans)

2.3 Über den Bau von Thermometern

Zum Bau von Flüssigkeitsthermometern benötigt man Glaskapillaren aus sog. "hartem" Glas, das einen geringen Wärmeausdehnungskoeffizienten hat. Verfügt man nur über geringe glasbläserische Fertigkeiten, begnüge man sich mit dem Blasen von Kugelkolben.

2.3.1 Herstellung eines Thermometerrohlings mit Kugelkolben

Ein dickwandiges Kapillarrohr mit ca.1mm innerer Weite und 40cm Länge drückt man in der mit Sauerstoff angereicherten Flamme zusammen und verbläst das Ende zu einem kleinen Halbrund. Man verhindere durch leichtes

Blasen das weitere Zusammenlaufen der Kapillare. Nach ganz gleichmäßiger Erwärmung, die durch Drehen des Rohres erreicht wird, blase man das glühende Ende in einem Zug bis auf höchstens 2cm Durchmesser auf. Größere Kugeln sind zu dünnwandig und halten nicht. Mißlingt das Blasen, schlage man die mißlungene Kugel ab und beginne neu.

2.3.2 Thermometerrohling mit Zylinderkolben

Wer geübter ist, versuche einen Zylinderkolben zu blasen. Man beginne wie oben, schlage die Kugel ab und lasse die scharfen Kanten in der Flamme verschmelzen. An diese, jetzt trichterförmig endende Kapillare muß ein stärkeres Glasrohr gleicher Glassorte angesetzt werden. Ein Ende des Rohlings muß beim Blasen stets verschlossen sein. Die glasbläserische Schwierigkeit liegt im Verarbeiten von Gläsern unterschiedlicher Wandstärke.

Zylinderkolben haben den Vorzug, daß sich der unvermeidliche Längenfehler beim Zuschmelzen des Zylinders auf den dadurch entstehenden Volumenfehler nur einfach auswirkt. Gerät dagegen eine Kugel in der Größe fehlerhaft, ist der Volumenfehler dreimal größer.

2.3.3 Füllen eines Flüssigkeitsthermometers

Der vorbereitete Thermometerrohling ist jetzt zur Füllung mit Alkohol durch das freie Ende der Kapillare fertig. Man stecke einen kleinen Glastrichter mittels eines kurzen Schlauches auf oder blase einen solchen (vor dem Blasen der Kugel) an. Nachdem man je ein Becherglas mit kaltem und heißem Wasser (ca. 90°) bereitgestellt hat, wird in den Trichter die voraussichtlich benötigte Menge Alkohol (mit etwas Tinte gefärbt) eingefüllt. Dann erwärme man den Kolben in dem heißen Wasser, so daß Luft entweicht, und kühle ihn im Kaltwasser wieder ab, was ein Einsaugen von Alkohol zur Folge hat. Durch abermaliges Eintauchen in heißes Wasser wird der Alkohol zum Verdampfen gebracht und verdrängt weitere Luft. Abermalige Abkühlung läßt nun mehr Alkohol einlaufen. Durch mehrmalige Wiederholung des Vorganges kann man alle Luft entfernen.

2.3.4 Nachbau des Fahrenheitthermometers

Die Abb.2.2 zeigt den Nachbau des Thermometers, das Fahrenheit 1714 an Ch.Wolff in Halle/S. lieferte. Bei dem Versuch des Verfassers, zwei Thermometer nahezu gleich zu bauen, wird die Kunstfertigkeit deutlich, mit der Fahrenheit mit Glas umzugehen verstand. Wegen der Ungleichheit der Kolbenvolumina ist die Alkoholmenge etwas unterschiedlich, was natürlich den Gleichlauf stört. Durch gegenseitiges Verschieben der Kolben kann aber für einen kleinen Bereich immer Übereinstimmung erreicht werden.

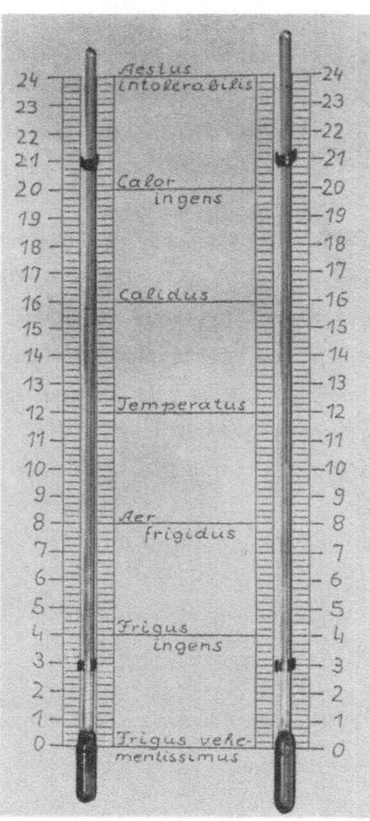

2.2 Nachbau des Doppelthermometers von 1714; die Originalskala enthält
noch zwei Grade unter null (siehe Abb.2.1)

3. Johann Heinrich Lambert und die Photometrie

3.1 Biographisches

J.H. Lambert wurde am 26.8.1728 in Mülhausen (Elsaß, damals zur Schweiz gehörig) als Sohn eines Schneiders geboren. Bis ins zwölfte Lebensjahr besuchte der junge Lambert die öffentliche Schule. Er war ein guter Schüler, so daß die Lehrer den Vater bedrängten, den Sohn Theologie studieren zu lassen. Der Vorschlag der Lehrer wurde von Johann Heinrich begrüßt, der das Handwerk des Vaters haßte. Trotzdem mußte er in der Werkstatt arbeiten, um zum Lebensunterhalt der großen Familie beizutragen. Lambert las alle deutschen und lateinischen Bücher, die er bekommen konnte. Zufälligerweise befand sich unter ihnen auch ein mathematisches. Als einmal Bauhandwerker im Hause seines Vaters Reparaturen ausführten, befragte Lambert die Leute nach der Anwendung der geometrischen Sätze. Einer der Männer verschaffte dem Jungen ein weiteres Mathematikbuch, das dieser vergleichend mit dem studierte, das er bereits besaß. Aus beiden lernte er die Arithmetik und die Geometrie [LICHTENBERG, 1970a].

Die Wißbegierde des Jungen fiel gebildeten Leuten auf, die ihn daraufhin gelegentlich privat unterrichteten. Neben der Mathematik lernte er orientalischen Sprachen und das Französische autodidaktisch. Schon als Fünfzehnjähriger betätigte er sich wegen seiner akkuraten Schrift als Schreiber und wegen seiner Rechenfertigkeit als Buchhalter. 1748 wurde Lambert vom Grafen Salis, damals schweizerischer Präsident, als Hauslehrer seiner Kinder in Chur eingestellt, wo er zu seiner großen Freude eine reichhaltige Bibliothek benutzen konnte. Acht Jahre blieb er als Hauslehrer in Chur; diese Jahre waren wohl die produktivsten in seinem Leben. 1753 wurde er - 25jährig - Mitglied der Schweizer Akademie. Anschließend machte Lambert eine Bildungsreise durch Europa und traf 1756 in Göttingen ein, um den Mathematiker A.G.Kästner (siehe Kap.5) und den Astronomen T.Mayer (sen.) aufzusuchen. Seine Hoffnungen auf einen Lehrstuhl in Göttingen erfüllten sich aber nicht. Als er die Stadt verließ, wurde er lediglich zum Mitglied der "Göttingischen Sozietät der Wissenschaften" ernannt. Durch Kästner angeregt, arbeitete Lambert in den folgenden Jahren über Lichtmessungen. Als er schließlich die Drucklegung seiner "Photometrie" in Augsburg in Auftrag gab, besuchte er dort auch die berühmte Werkstatt für physikalische Geräte von G.F.Brander, bei dem er ein Hygrometer nach seinen Plänen bauen ließ.

1764 traf Lambert in Berlin ein, wo sich der Philosoph Sulzer seiner annahm. Sulzer betrieb Lamberts Aufnahme in die Berliner Akademie, indem er ihn Friedrich II. in überschwenglicher Weise schilderte. Der König zeigte sich interessiert, den neuen Wissenschaftler kennenzulernen und lud ihn nach Potsdam ein und ernannte ihn nach anfänglichen Bedenken zum Mitglied auch der Berliner Akademie.

Am 25.9.1777 starb Lambert in Berlin im Alter von 49 Jahren [LICHTENBERG, 1970b].

3.2 Wissenschaftliche Arbeiten zur Photometrie

Wie andere Gelehrte seiner Zeit war auch Lambert sehr vielseitig. Er betätigte sich als Philosoph, als Mathematiker, als Astronom, als Landvermesser und als Physiker. In dem letzten Tätigkeitsfeld begründete er die wissenschaftliche Hygrometrie (Feuchtigkeitsmeßkunde), die Pyrometrie (Strahlungsmessung zur Bestimmung hoher Temperaturen) und die Photometrie (Lichtmeßkunde), die hier näher erörtert werden soll.

Die Gesetze der Photometrie waren zunächst für die Astronomie von Bedeutung, um Helligkeiten der Sterne vergleichen zu können. So könnte man Lambert auch als einen der Väter der experimentellen Astrophysik ansehen, als deren Begründer im allgemeinen K.F.Zöllner (1834-1882) gilt, der die letzten Jahre seines Lebens mit W.Weber (Kap.13) zusammenarbeitete. Lamberts physikalische Einrichtung war sehr einfach, sie bestand aus ein paar Spiegeln, Glasplatten, Linsen und einem optischen Prisma. Mit viel Geschick hat er seine Geräte gehandhabt; aber die Experimente dienten ihm vorwiegend zur Bestätigung theoretisch gefundener Gesetzmäßigkeiten. Lambert hatte zwei wissenschaftliche Vorgänger, die sich vor ihm mit Photometrie befaßt hatten. 1737 erschien von R.Smith (Cambridge) ein Buch mit dem Titel: "A compleat System of Optics", das der bereits genannte A.G.Kästner 1755 ins Deutsche übersetzt hatte und auf das Lambert sich bezog. Die Bücher von P.Bouguer (Paris, 1729) haben wohl einen geringeren Einfluß gehabt [LAMBERT, 1892 III]. Im Jahre 1760 veröffentlichte Lambert seine siebenteilige "Photometrie" unter dem Titel: "Photometria sive de mensura et gradibus luminis, colorum et umbrae" (Photometrie oder vom Messen des Lichtes, der Farben und des Schattens). Hier wurde die Übersetzung von E.Anding in "Ostwalds Klassikern" benutzt (Hefte 31, 32 und

33). In ausführlicher Weise wurden von Lambert die Grundbegriffe für die mathematische Photometrie dargestellt und begründet. Sein Buch ist mit 109 geometrischen Figuren und viel Mathematik versehen, um die verschiedensten Anwendungen auf spezielle Fälle vorrechnen zu können.

Das wichtigsten Aussagen findet man in Teil I (Heft 31), an dessen Anfang er Definitionen stellt:

"Die Photometrie handelt nicht vom Wesen des Lichts, welches den Sinnen ganz verborgen ist, sondern sie mißt dessen Menge, Helligkeit und andere Wirkungen..." [LAMBERT, 1892 Ia].

Lambert bezweifelte die Fähigkeit des Menschen, unterschiedliche Helligkeiten zahlenmäßig richtig angeben zu können, weil das Auge Täuschungen unterliegt: Wenn man zwei nebeneinanderstehende Gegenstände anschaut, ist das Auge "nicht imstande, bezüglich der Helligkeitsgrade ein anderes Verhältnis zu entscheiden, als eben das Verhältnis der Gleichheit" [LAMBERT, 1892 Ib]. Aus dieser Einsicht heraus erfand Lambert das Schattenphotometer (Nachbau siehe Abb.3.1), das lediglich die Gleichheit zweier Beleuchtungsstärken zu beurteilen gestattet: Ein senkrecht stehender Stab wird von zwei Lichtquellen, die eine unterschiedliche Beleuchtungsstärke hervorrufen, so bestrahlt, daß dieser zwei Schatten auf eine weiße Fläche wirft. Die hellere Lichtquelle wird nun so weit abgerückt, daß beide Schatten gleich dunkel erscheinen. Das ist dann der Fall, wenn beide Lampen den Schatten der anderen in gleichem Maße aufhellen. Wenn man nun das quadratische Abstandsgesetz berücksichtigt, läßt sich das Verhältnis der Lichtstärke beider Lampen angeben.

Lambert unterschied zwischen "Leuchtkraft" (heute: Lichtstärke) und "Beleuchtung" (heute: Beleuchtungsstärke). Schwieriger ist der Unterschied zu verstehen zwischen der "Helligkeit" einer Lichtquelle, wie sie

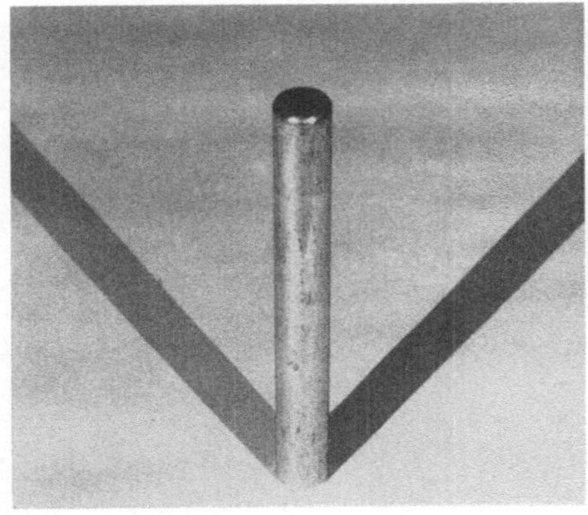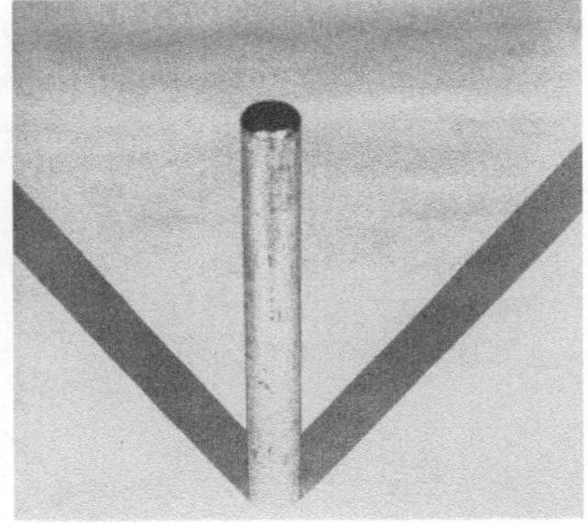

3.1 Nachbau eines Schattenphotometers; auf dem linken Bild ist die Beleuchtungsstärke unterschiedlich, auf dem rechten ist sie gleich

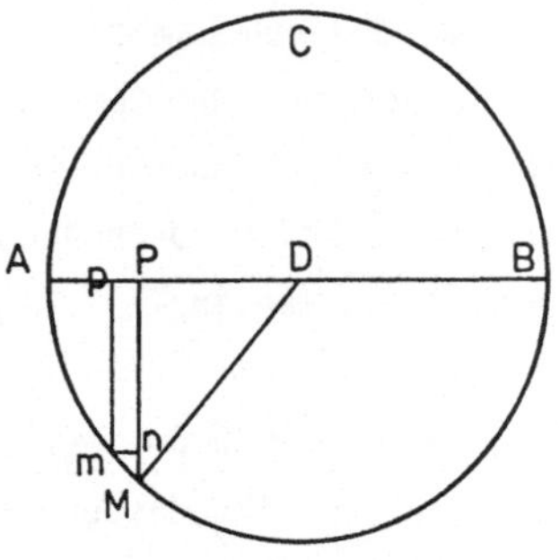

3.2 Originalskizze von Lambert: Warum die Halbkugel dieselbe Lichtstärke
hat wie die Sonnenscheibe

vom Auge bei direkter Betrachtung gesehen wird (heute: Leuchtdichte) und
der "Helligkeit", die Gegenstände beleuchtet (heute: Lichtstärke), dem
eigentlichen Inhalt des "Lambertschen Gesetzes". Lambert schrieb das so:
"...denn notwendigerweise muß man unterscheiden zwischen der Dichtigkeit
der Strahlen und der Menge derselben" [LAMBERT, 1892 Ic]. An anderer
Stelle stellte er fest: "Nun wird niemand zu leugnen wagen, daß das Auge,
mit einem Helioskop (berußte Glasscheibe) ausgerüstet, die Oberfläche der
Sonne ... gleichmäßig hell erblickt". Man muß annehmen, "daß die Dichtigkeit der Sonnenstrahlen dieselbe ist, gleichviel ob sie vom Rande oder
vom Centrum der Sonnenscheibe her ins Auge dringen" [LAMBERT, 1892 d].
Von der Summe aller Flächenstücke der Sonne geht eine Lichtstärke aus,
die nur der *scheinbaren* Größe der Sonnenoberfläche, nämlich der sichtbaren Scheibe, und nicht der *wahren* Oberfläche der Sonnenhalbkugel (sie ist
doppelt so groß) entspricht. Diesen Umstand stellte Lambert geometrisch
überzeugend dar (Abb.3.2). In seinem ersten Lehrsatz faßte er seine Ergebnisse zusammen: "Die Lichtmenge, welche aus einem beliebigen, unend-
lich kleinen Teilchen der leuchtenden Fläche nach ... einem gegebenen
Flächenstück ausgesandt wird, ist ebenso groß, als ob sie von dem ebenso
stark leuchtenden normalen Flächenstück AD ausginge" (Abb.3.3) [LAMBERT,
1892, Ie]. In späteren Teilen seiner Photometrie zeigte Lambert, daß die

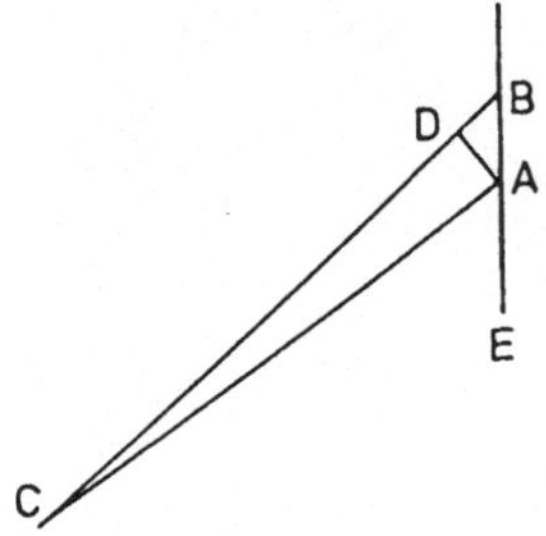

3.3 Originalskizze zum Lambertschen Gesetz

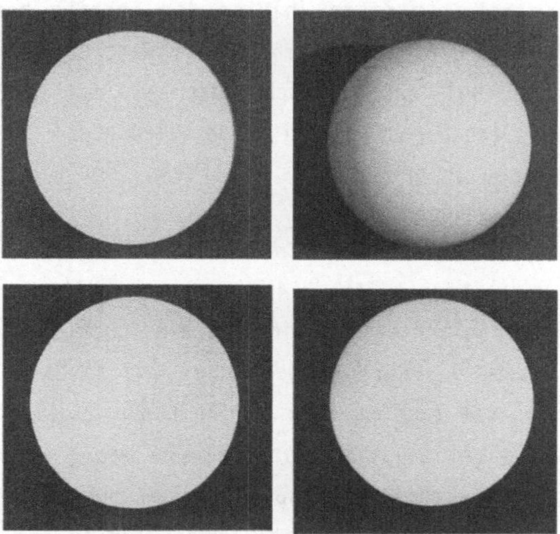

3.4 (oben rechts) Eine Kugellampe aus Mattglas wird von *außen* beleuchtet,
die Kugelform ist zu erkennen und ist von der Scheibe (links) zu unterscheiden; (unten rechts) dieselbe Kugellampe wird von *innen* beleuchtet,
die Lampenkugel erscheint als Scheibe; sie ist von einer tatsächlichen
Scheibe (links) nicht zu unterscheiden

Gesetze der Beleuchtung auch für optische Systeme mit Linsen angewandt
werden können: Ein Linsensystem kann nur den Sehwinkel verändern, unter
dem eine Fläche gesehen wird, aber niemals dessen Leuchtdichte.

Das Lambertsche Gesetz gilt nicht nur für den Lichtsender, wie hier
erörtert, sondern auch für den Lichtempfänger. Die moderne Darstellung
des Lambertschen Gesetzes findet man in Lehrbüchern der Physik [z.B.
POHL, 1976].

3.3 Versuche

3.3.1 Versuche mit dem Schattenphotometer

Das Schattenphotometer ist im Bau einfach. Auf der linken Seite der
Abb.3.1 erkennt man zwei Schatten, die ungleich dunkel sind. Sie rühren
von zwei gleichen Halogenlampen her, die in etwas unterschiedlicher Entfernung stehen. Auf der rechten Seite sind die Schatten gleich dunkel.
Die Einstellung ist problematisch, da jede Restbeleuchtung und jede unterschiedliche Farbtemperatur der Lampen stört.

3.3.2 Versuche zum Lambertschen Gesetz

Auf der Abb.3.4 sieht man eine Lampenkugel aus Milchglas, neben der zum
Vergleich eine plane, gleich große, runde Mattscheibe vor einem schwarzen

Kasten sichtbar ist. Im Kasten hinter der Scheibe befindet sich zum Zwecke der Beleuchtung eine Glühlampe mit 25 Watt Leistung, deren Abstand zum Regulieren der Helligkeit verschiebbar ist. Die Kugellampe ist aber auf der Abbildung (oben rechts) von *außen* beleuchtet, deshalb sieht unser Auge das Sphärische an der Art des Schattens, so, wie man unschwer den Halbmond als Kugel erkennt.

Anders wird die Sache, wenn *innerhalb* der Glocke eine elektrische Glühlampe (15 Watt) brennt (Abb.3.4 unten). Es gilt das Lambertsche Gesetz für Flächenstrahler, das besagt, daß die Leuchtdichte unabhängig vom Abstrahlwinkel ist. Die Rundung der Kugel ist nicht mehr zu erkennen. Auch der Photoapparat täuscht sich und hält die Kugel für eine Scheibe. Die links im Bild befindliche, tatsächliche Mattglasscheibe dient zum Vergleich. Lamberts wichtiges Beispiel, warum die Sonne uns als Scheibe erscheint, obwohl sie eine Kugel ist, wurde hier im Analogieversuch realisiert.

4. Marc-Auguste Pictet,
Pierre Prevost und die „Reflexion der Kälte"

4.1 Biographisches

Marc-Auguste Pictet wurde als Sohn eines Obersten 1752 in Genf geboren.
Nach dem Studium der Rechte und dem Advokatsexamen (1774) verbrachte er,
wie die meisten Patriziersöhne aus Genf, ein Studienjahr in England, um
die Sprache zu erlernen. Erste Erfahrungen in den angewandten Naturwissenschaften sammelte er als Assistent des Astronomen J.-A. Mallet auf der
Genfer Sternwarte. Das Studium der Naturwissenschaften an der Genfer Akademie brachte ihn in Kontakt zu dem Professor der Naturphilosophie H.-B.
de Saussure (1740-1799). 1778 begleitete er ihn auf seiner dritten Expe-
dition in das Mont Blanc-Gebiet, wo er für Saussure kartographische und
geodätische Messungen vornahm. 1786 folgte er seinem Lehrer auf den Lehrstuhl für Naturphilosophie, eine Professur, die er bis zu seinem Tode innehatte. 1791 wurde Pictet Mitglied der Royal Society. Seine zahllosen
Kontakte zu britischen Gelehrten sowie die Begeisterung für die in Großbritannien bereits sichtbaren Errungenschaften der industriellen Revolution veranlaßten ihn 1796, die "Bibliothèque Britannique" zu gründen.
Diese Zeitschrift, deren Aufgabe es war, angelsächsisches Schrifttum in
französischer Übersetzung auf dem Kontinent zu verbreiten, erwies sich
als enorm erfolgreich. Nach dem zwangsweise erfolgten Anschluß der Repu-
blik Genf an Frankreich (1798) entfaltete Pictet zahlreiche kulturpoliti-
sche Aktivitäten in der Absicht, die kulturelle Autonomie Genfs zu ver-
teidigen. Seine Bemühungen fanden die Anerkennung des Regimes: 1802 wurde
Pictet Mitglied des "Tribunat", ein Jahr später korrespondierendes Mitglied des "Institut National", 1804 Ritter der Ehrenlegion, 1807 "Inspec-
teur général des études" und schließlich 1808 "chévalier héréditaire de
l'Empire". Von 1808 bis 1814 bekleidete er das hohe Amt eines Generalin-
spekteurs der "Université Impériale". Nach dem Sturz Napoleons und dem
Eintritt Genfs in die Schweizer Eidgenossenschaft (1814) widmete sich
Pictet der Reorganisation des Genfer Bildungswesens. Seine Verdienste für
die Wissenschaft lagen vor allem auf organisatorischem Gebiet; so initi-
ierte er die Gründung wissenschaftlicher Gesellschaften wie der "Société

de Physique et d'Histoire Naturelle de Genève" und die Errichtung eines meteorologischen Observatoriums auf dem Großen St.Bernhard (1817). Seine Publikationen behandelten vornehmlich Fragen der physikalischen Geographie, der Mineralogie und der Meteorologie. Hochgeehrt starb er am 19.4.1825 in Genf [CANDAUX, 1974].

Pierre Prevost wurde 1751 als Sohn eines calvinistischen Klerikers in Genf geboren. An der dortigen Akademie wurde er dazu ausgebildet, seinem Vater in das theologische Lehramt nachzufolgen. Mit dieser Perspektive unzufrieden, wandte er sich dem Studium der Rechte zu, in dem er die für die Ausübung öffentlicher Ämter notwendige Qualifikation erwarb. In Jurisdiktion und Legislative der Genfer Stadtrepublik tätig, offenbarte Prevost - Patrizier weniger dem Vermögen als der geistigen Herkunft nach - in den Phasen der Revolution und Restauration eine patriotisch-konservative Haltung, die sich in der Abfassung politischer Flugschriften und Reden in der Nationalversammlung (1792-1793), seinem Widerstand gegen die Napoleonische Herrschaft (1798-1814) sowie in seiner Tätigkeit im "Conseil Représentatif" nach der Restauration (1814-1816, 1824-1829) manifestierte. Obwohl für die klassischen Karrieren eines Genfer Patriziersohnes in Theologie und Jurisprudenz ausgebildet, hatte Prevost schon während seines Studiums Interesse an Fragen der Naturphilosophie gefunden, das er im Rahmen von Privatunterricht zu vertiefen suchte. Von 1793 bis 1821 als Professor für "Philosophie Rationelle" an der Genfer Akademie tätig, machte sich Prevost die Weiterentwicklung der korpuskularmechanischen Physik zur Lebensaufgabe. Die Liste seiner nahezu 200 Publikationen umfaßt Abhandlungen zur Nationalökonomie, Philosophie, Psychologie und Physik, hier vornehmlich zur Theorie der Wärme. Im Gegensatz zu seinem Kollegen Pictet, der ein wahrhaft kosmopolitischer Charakter war, hat Prevost seine Heimatstadt Genf nur selten verlassen. Er starb dort am 8.4.1839.

4.2 Wissenschaftliche Arbeiten

Pictets Lehrer Saussure hatte schon während seines Studiums an der Genfer Akademie ein starkes Interesse für die Phänomene der Wärme gezeigt. 1759 schrieb er seine Dissertation über die Erscheinungen der Wärme, in welcher er den zeitgenössischen Stand des Wissens zusammenfaßte. Leitmotiv der Forschungen Saussures war die Frage, warum bei gleicher Sonneneinstrahlung die Temperatur mit der Höhe abnimmt. Um diese Frage experimentell beantworten zu können, erfand Saussure 1767 das Heliothermometer, dessen aus einem wärmeabsorbierenden Kasten bestehende Konstruktion diejenige der heutigen Sonnenkollektoren vorwegnahm [JUNOD, 1982].

Saussures Interesse mußte also vorrangig Problemen gelten, die mit der Absorption von Strahlung zu tun hatten. Damit drängte sich aber auch die Frage auf, in welchem inneren Zusammenhang Licht und Wärme zu sehen waren. Die von Saussure angestellten Überlegungen verwiesen auf ein zentrales Problem: die Natur der strahlenden Wärme. Diese, erst wenige Jahre zuvor als Forschungsgegenstand entdeckt, war um 1780 das Thema der wissenschaftlichen Diskussion. Zwischen 1768 und 1773 hatte der aus Stralsund stammende Chemiker C.W. Scheele (1742-1786) eine Reihe von Experimenten durchgeführt, die die "Eigenschaften der Hitze" zum Gegenstand hatten. Ausgangspunkt von Scheeles Überlegungen war das Experiment von J. Zahn (1641-1707) gewesen, bei dem die Hitze von glühenden Kohlen, die sich im Brennpunkt eines metallenen Hohlspiegels befinden, wiederum Feuer entfacht, wenn sie, durch einen zweiten derartigen Spiegel aufgefangen und gebündelt, in dessen Brennpunkt auf entflammbares Material trifft. Scheele stellte sich die Frage, "ob die Hitze dieser hellglühenden Kohlen, oder das Licht allein, oder beyde zugleich diese Wirkung hervorbringen?" Die Strahlung der Kohlen konnte nach seiner Ansicht nicht mit dem Licht identisch sein, da durch eine zwischen Beobachter und die Kohlen gebrachte gewöhnliche Glasplatte die Empfindung der Wärme im Gegensatz zu der des Lichts unterbunden werden konnte. Das Glas schien die Hitze vom Licht zu trennen. Scheele kam damit aufgrund seiner Experimente zu folgender Antwort auf seine eingangs gestellte Frage: "Es ist ... die strahlende Hitze, so diese Entzündung (im Brennpunkt des zweiten Spiegels) verursachet, welche unsichtbar und vom Feuer unterschieden ist" [SCHEELE, 1777].

Etwa zu derselben Zeit wie Scheele hatte sich auch J.H. Lambert (siehe Kap.3) in Berlin mit Experimenten der strahlenden Wärme beschäftigt, deren Ergebnisse 1779, zwei Jahre nach seinem Tod, veröffentlicht wurden. Lambert betonte wie Scheele die Vorstellung von der Existenz zweier qualitativ verschiedener, weil durch das Glas trennbarer Strahlungsformen unter der Voraussetzung, daß die Strahlung von einer irdischen Strahlungsquelle (Ofen) herrührte. Im Gegensatz dazu schien die Bündelung des Sonnenlichtes durch eine Glaslinse deutlich zu machen, daß dies für die von der Sonne stammende Strahlung nicht gilt, da im Brennpunkt starke Hitze spürbar ist. Will man dagegen die Hitze einer irdischen Strahlungsquelle bündeln, so muß man statt Glaslinsen Metallspiegel einsetzen, wie Lambert, mit Bezug auf Zahn, hervorhob [LAMBERT, 1779].

Die von Scheele und Lambert geschilderten Experimente brachten Saussure auf einen entscheidenden neuen Gedanken: Um die Natur der Wärmestrahlung zu klären, müsse man die "dunkle Wärme" für sich allein betrachten, d.h. sie vom Licht isolieren und dann ihre Eigenschaften untersuchen. Pictet und Saussure verwendeten dazu zwei Hohlspiegel aus Zinn von einem Fuß Durchmesser und 4,5 Zoll Brennweite, die sie im Abstand von etwa 12 Fuß einander zugewandt aufstellten. Als Strahlungsquelle diente eine Eisenkugel von 2 Zoll Durchmesser, die sie zunächst auf starke Rotglut erhitzten und dann solange abkühlen ließen, bis auch in völliger Dunkelheit kein Leuchten mehr feststellbar war. Im Brennpunkt des einen Spiegels befand sich ein empfindliches Thermometer, das eine Lufttemperatur von 4° R (Gradeinteilung nach Réaumur) anzeigte. Wurde die Kugel in den Brennpunkt des zweiten Spiegels gebracht, so stieg das Thermometer in sechs Minuten um etwa 10° R, während ein in gleicher Entfernung von der Strahlungsquelle, aber außerhalb des Brennpunkts aufgestelltes Kontrollthermometer nur um etwa 2^O R anstieg. Wurde das Thermometer aus dem Brennpunkt gerückt, so fiel es auf den vom Kontrollthermometer angezeigten Wert, ein deutlicher Beleg dafür, daß auch die "dunkle Wärme" an Metallflächen reflektiert wird [SAUSSURE, 1779].

Im März 1786 brachten die Forschungen Pictets ein scheinbar neuartiges Phänomen zu Tage: die "Reflexion der Kälte". Anlaß zu Pictets Experiment war die Frage gewesen, ob nicht in Analogie zur strahlenden Wärme auch die "strahlende Kälte" durch Metallspiegel reflektiert werden könne. Pictet hielt einen negativen Ausgang des Experiments für sicher, da "die Kälte nur Mangel an Wärme" sei. In seinem Versuchsbericht heißt es aber dann: "Ich machte meinen Apparat genau wie bey den Versuchen über die Zurückwerfung der Wärme zurecht, und bediente mich meiner beyden zinnernen Hohlspiegel, die ich in einer Entfernung von 10 1/2 Fuß voneinander stellte. Im Brennpunct des einen war ein Luft-Thermometer, das man mit der nöthigen Vorsicht beobachtete, und im Brennpunct des anderen eine Phiole voll Schnee. In dem Augenblick, als die Phiole an ihrem Platz war, fiel das Thermometer im Brennpunct um meh(r)ere Grade und stieg wieder, so wie man sie entfernte. Nachdem ich sie wieder in den Brennpunct gestellt, und das Thermometer soweit zum Fallen gebracht hatte, daß es stille stand, goß ich Salpetersäure auf den Schnee, und die dadurch hervorgebrachte Kälte machte, daß das Thermometer plötzlich um 5 bis 6 Grade tiefer fiel. (...) Diese Wirckung war ausser Zweifel, und machte mich anfänglich nicht wenig bestürzt..." [PICTET, 1790] (siehe Abb.4.1).

Die theoretische Deutung des beobachteten Effekts bereitete Saussure und Pictet Schwierigkeiten. Die Existenz einer Kältestrahlung schien zweifelsfrei bestätigt zu sein, und ein oberflächlicher Beobachter hätte daraus den Schluß ziehen können, daß es neben dem Wärmestoff "calorique" noch einen speziellen Kältestoff geben müsse. Pictet wurde aber bald

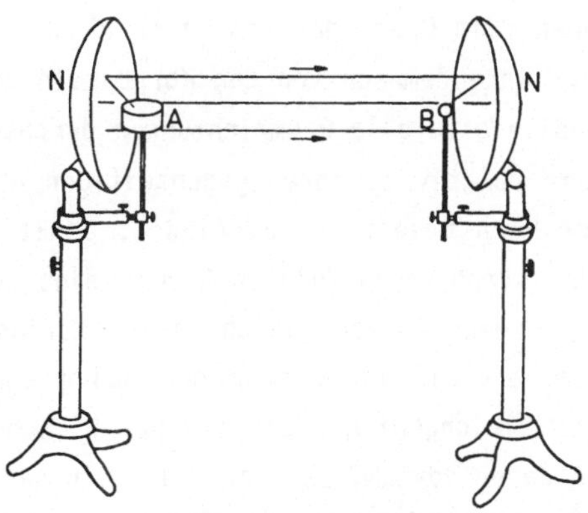

4.1 Originalskizze von Pictet von 1790; A "Kältesender"; B Luftthermometer als "Kälteempfänger"

klar, daß ein Kältestoff zur Erklärung des Experiments unnötig ist: der kalte Körper wirke vielmehr wie ein "Schlund", in den sich die Wärme "hineinstürze". Dies habe einen Abfall des "Drucks" zur Folge, den die Wärme der Umgebung auf das Thermometer ausübe. Daher könne Wärme vom Thermometer "abfließen", wodurch seine Temperatur abnehmen müsse. Folglich sei in diesem Falle das Thermometer der strahlende Körper. Im Vergleich zum Experiment mit heißen Kohlen habe sich der Vorgang umgekehrt [PICTET, 1790]. - Die Ausbreitung der Wärme ist also nach Pictet nur bei Auftreten eines Druck- oder Spannungsgefälles, d.h. in Richtung vom wärmeren zum kälteren Körper hin möglich. Im Falle des Gleichgewichts der Spannungen findet keine Bewegung der als ein kontinuierliches Fluidum aufgefaßten Wärme statt. Pictets Erklärungsmodell implizierte folglich einen statischen Gleichgewichtsbegriff.

Die von Pictet gegebene Erklärung eliminierte zwar bereits den Begriff der "Kältestrahlung", war aber in sich nicht widerspruchsfrei. Wenn sich, wie Pictet annahm, Wärme nur in Richtung abnehmender Spannung bewegen kann, wieso sollte dann die Wärme vom Thermoskop erst zum Spiegel strahlen, um dort reflektiert zu werden? Das Thermoskop befand sich doch um eine Brennweite näher an der "wärmeverschlingenden" Kältemischung als der Spiegel! Wäre demnach nicht ausschließlich eine direkte Strahlung vom Thermoskop in Richtung der Kältemischung zu erwarten, eine Reflexion der Wärme an den Spiegeln also gar nicht möglich? Die Lösung dieses Rätsels lieferte Prevost im Jahre 1791.

Wie Pictet war auch Prevost von der stofflichen Natur der Wärme überzeugt. Im Gegensatz zu ihm betrachtete er den Wärmestoff aber als ein diskretes, korpuskulares Fluidum, dessen Teilchen sich immer, also auch im Falle des thermischen Gleichgewichts in einer ständigen, sehr schnellen Bewegung befinden. Ein Raum, der von einer Hülle konstanter Temperatur umschlossen ist, wäre demnach von den Korpuskeln des Wärmestoffs erfüllt, die ihn geradlinig in alle Raumrichtungen durchsetzen. Die Korpuskeln sollen so klein relativ zu ihren gegenseitigen Abständen sein, daß Stöße untereinander höchst selten stattfinden. Denkt man sich um einen beliebigen Punkt des strahlungserfüllten Raumes eine kugelförmige Hülle, so wird diese pro Zeiteinheit von gleich vielen Korpuskeln einwärts wie auswärts durchsetzt. Da die Temperatur der Hülle konstant sein soll, herrscht thermisches Gleichgewicht. Ein solcher Gleichgewichtszustand im "Strahlungsgas" muß daher "dynamisch", d.h. als ein permanenter Austausch von sich gegenseitig kompensierenden Stoffmengen gedacht werden. Prevost schloß daraus, daß ein thermisches Gleichgewicht grundsätzlich immer in einer Gleichheit der pro Zeiteinheit ausgetauschten Wärmemengen besteht. Dies gilt auch für das Strahlungsgleichgewicht zwischen zwei durch eine räumliche Distanz voneinander entfernten Körpern [PREVOST, 1791].

Die dynamische Gleichgewichtsvorstellung ermöglicht eine in sich widerspruchsfreie Erklärung der "Reflexion der Kälte". Angenommen, das Thermoskop befände sich zunächst außerhalb der Spiegelanordnung und wäre im thermischen Gleichgewicht mit seiner Umgebung: die von ihm pro Zeiteinheit abgestrahlte Wärmemenge würde dann durch die von seiner Umgebung eingestrahlte (und von ihm absorbierte) Wärmemenge kompensiert, so daß seine Temperatur konstant bleibt (von der Einwirkung der Luft sei dabei völlig abstrahiert). Wird nun das Thermometer in den Brennpunkt seines Spiegels gebracht, so beginnt es - vorausgesetzt der "Kältestrahler" ist an seinem Platz im Brennpunkt des anderen konjugierten Spiegels - sofort zu "fallen". Warum? Die Einstrahlung der Umgebung auf das Thermometer ist jetzt herabgesetzt, da in dem Raumwinkel, den der Spiegel relativ zum Thermoskop definiert, jeder "Wärmestrahl", der von der Umgebung her kommend bei nicht vorhandenem Spiegel auf das Thermometer getroffen wäre, vom Spiegel abgeschirmt und durch einen anderen Strahl niederer Temperatur "ersetzt" wird, der vom "Kältestrahler" kommend nach zweimaliger Reflexion auf das Thermoskop trifft. Da das Thermoskop nun von seiner Umgebung weniger Wärmeenergie eingestrahlt bekommt, als es seinerseits an diese abstrahlt, muß seine Temperatur abnehmen, und zwar solange, bis daß das thermische Gleichgewicht - also die zeitliche Gleichheit vom Emission und Absorption - zwischen ihm und seiner gesamten Umgebung wiederhergestellt ist. Wäre die ganze Apparatur in eine total verspiegelte Hülle eingeschlossen, in der zudem Vakuum herrschte, so müßte das Thermoskop schließlich die Temperatur des "Kältestrahlers" im Gleichgewicht anzeigen. Nur in diesem idealisierten Fall wäre der Zustand des thermischen Gleichgewichts also gleichbedeutend damit, daß sich die vom Thermoskop und vom "Kältestrahler" pro Zeiteinheit durch Strahlung ausgetauschten Wärmemengen exakt kompensieren. In allen anderen Fällen muß die Strahlung der Umgebung in die Bilanz einbezogen werden [PREVOST, 1809].

Zu dieser exakten, den Einfluß der Umgebungsstrahlung berücksichtigenden Erklärung gelangte Prevost 1804, nachdem Benjamin Thompson Graf Rumford (1753-1814) vergeblich versucht hatte, mit Hilfe eines "experimentum crucis" die korpuskulare Emissionstheorie Prevosts "aus den Angeln zu heben". Während Prevost zeitlebens an der stofflichen Theorie der Wärme festhielt, machte bereits Joseph Fourier (1768-1830) deutlich, daß das von Prevost entdeckte "dynamische Gleichgewicht" grundlegenden Charakter hat und eine von speziellen Vorstellungen über die physikalische Natur der Wärme unabhängige Gültigkeit besitzt [FOURIER Oeuvres]. Prevosts Prinzip ist daher als "Prevostscher Satz" oder "Prevostsches Austauschtheorem" in die physikalische Literatur eingegangen. (B. Weiss)

4.3 Versuche zur „Reflexion der Kälte"

Im Brennpunkt eines metallenen Hohlspiegels wird ein kleines Blechgefäß gehaltert, das man zweckmäßigerweise mit einer Kerzenflamme berußt und mit Eisbrocken füllt (Abb.4.2 links). Die richtige Lage im Brennpunkt des Spiegels kann man leicht überprüfen, indem man aus größerer Entfernung in den Spiegel blickt. Erscheint jetzt die gesamte Apertur des Spiegels schwarz, dann blickt man von jeder Stelle des Spiegels auf den berußten Kältekörper im Brennpunkt.

In den Brennpunkt des zweiten Hohlspiegels wird die Kugel eines Luftthermometers gebracht, die ebenfalls mit Ruß geschwärzt wurde. Solch einen Thermometerkolben kann man leicht selbst blasen. Eine Glaskapillare (z.B. 1,5 mm innerer Durchmesser) wird an einem Ende in der Flamme zusammengeschmolzen und zu einer Kugel von ca. 20 mm Durchmesser aufgeblasen. Das offene Ende taucht in ein Gefäß mit gefärbtem Wasser, um dadurch den Anstieg des Fadens besser beobachten zu können (Abb.4.2 rechts). Die Justierung des Brennpunktes geschieht wie beim Kältekörper. Ein Luftthermometer mit den obigen Daten hat eine Empfindlichkeit von ca. 10 mm/Grad.

Beide Spiegel bringe man in eine Anordnung, wie sie von Pictet beschrieben wurde. Dann beobachtet man, daß das gefärbte Wasser um etliche Zentimeter in die Kapillare aufsteigt, was einer Temperaturerniedrigung von einigen Graden entspricht. Stellt man zwischen die Spiegel ein Hindernis, verschwindet der Effekt, weil die Wärmekopplung nicht mehr besteht. Die Einstellzeiten liegen bei 20 Sekunden. Man vermeide das Anfas-

4.2 Nachbau der Anordnung von Pictet, links der Sender, rechts der Empfänger

sen der Kugel, weil die Finger sie so stark erwärmen, daß einige Zeit gewartet werden muß, bis sie wieder Raumtemperatur angenommen hat.

Verwendet man an Stelle der Hohlspiegel konvexe Linsen, versagt der Versuch. Die Wärmestrahlen, die den Temperaturen des Eises entsprechen, gehören dem fernen Infraroten zu und können Glas nicht passieren. Die Reflexion an Metalloberflächen findet aber, abgesehen vom unterschiedlichen Reflexionsgrad, für alle Wellenlängen in gleicher Weise statt.

5. Lichtenberg und die Lichtenbergschen Figuren

5.1 Biographisches

Georg Christoph Lichtenberg wurde als 17. Kind eines Pfarrers in der Nähe von Darmstadt am 1.7.1742 geboren. Ab 1752 besuchte er das Gymnasium in Darmstadt und zeigte dort schon sein Interesse für Mathematik und Astronomie, aber er schwärmte auch für Literatur. Nach bestandenem Abitur (1761) konnte er wegen Geldmangels der Eltern nicht studieren. Seine Mutter kämpfte zwei Jahre, um für ihn ein Stipendium vom Landesherrn zu erwirken. Darauf begann er 1763 sein Studium in Göttingen [MAUTNER, 1968a]. Er bewunderte A.G.Kästner, den dortigen Mathematiker, der Witz besaß und für alles Schöngeistige aufgeschlossen war. Kästner erkannte die überragenden Fähigkeiten von Lichtenberg, förderte ihn und machte ihn zu seinem Assistenten (1767-68). Bald erhielt er einen Ruf an die Universität Gießen für Mathematik und - kurioserweise - auch für Englisch, den er nach längerem Zögern trotz hoher Dotierung nicht annahm.

Wegen seiner Englischkenntnisse wurde Lichtenberg in Göttingen Mentor reicher englischer Adliger; 1770 reiste er mit zweien dieser Studenten nach England, wo er auch von König Georg III. empfangen wurde. Inzwischen hatte Kästner in Göttingen die Ernennung seines Lieblingsschülers zum Professor für Mathematik durchgesetzt [MAUTNER, 1968b].

Lichtenberg war von schwächlicher Konstitution; er war verwachsen und seine Entwicklung wurde immer wieder durch Krankheit und Depressionen, damals als Hypochondrie bezeichnet, unterbrochen. Trotzdem konnte er 1774, nun als anerkannter Wissenschaftler, seine zweite Englandreise antreten und überreichte dem astronomisch interessierten Georg III. als Gastgeschenk den ersten Band von "Tobias Mayers Opera". Sie enthielten die nachgelassenen, von ihm bearbeiteten wissenschaftlichen Arbeiten des Physikers T.Mayer (1723-1762) aus Göttingen. Lichtenberg wurde als Göttinger Professor so hoch geschätzt, daß Georg III. seine Stelle in ein Ordinariat umwandelte, denn letzterer war nicht nur König von England, sondern zu dieser Zeit auch Kurfürst von Hannover [MAUTNER, 1968c].

1781/82 wurde er wegen seiner erfolgreichen physikalischen Tätigkeit
Nachfolger des Physikers Erxleben [MAUTNER, 1968d]. In diesen Jahren war
er wohl der berühmteste Gelehrte Göttingens; er hatte bis zu 130 einge-
schriebene Studenten, während Kollegen mangels Besuchs ihr Kolleg schließen mußten [MAUTNER, 1968e]. 1781 besuchten ihn Karl August von Sachsen-
Weimar und J.W.v.Goethe, 1784 hielt sich Volta fünf Tage bei Lichtenberg
auf und brachte Experimentiermaterial mit. 1786 erschien der berühmte
Astronom W.Herschel.

Ab 1788 hielt Lichtenberg wieder Mathematikvorlesung: "Man muß Experimentalphysik, wie ich, 21mal gelesen haben, um das Vergnügen zu fühlen,
an einem frischen Morgen, ohne Klindworth (seinen Laboranten), ohne Ban-
gigkeit, ob die Versuche auch gelingen werden, ohne Sorge, ob nicht hier
und da etwas zerbrochen, gestohlen oder sonst durch Vorwitzige unbrauch-
bar gemacht werden würde, bloß mit dem Compendio in der Hand in den Hörsaal zu gehen; es ist ein wahres Kurtrinken" [MAUTNER, 1968f].

Ebenfalls 1788 wurde Lichtenberg Hofrat, 1793 Mitglied der Royal Society und 1795 Akademiemitglied in Petersburg. Einen Ruf nach Leiden
lehnte er ab, obwohl die dortige Universität als die berühmteste Europas
galt. Die Brüder Humboldt und viele andere, später berühmte Wissenschaftler (Gauß, Seebeck, Young, Ritter, u.a.) standen mit ihm in Verbindung.
Das Verhältnis zu Goethe kühlte allerdings ab, als Lichtenberg dessen
Farbenlehre nicht anerkannte und ihn damit verärgerte [MAUTNER, 1968g].

Mit nachlassender Arbeitskraft hatte Lichtenberg noch viel Freude an
der Herausgabe eines Taschenkalenders, den er populärwissenschaftlich zu
füllen wußte [MAUTNER, 1968h]. Er studierte Kants "Kritik der reinen Ver-
nunft", die auf den älteren Lichtenberg nachhaltigen Einfluß ausübte
[MAUTNER, 1968i]. Lichtenbergs späte Jahre waren gekennzeichnet von
Krankheit, Depression und Wiedergenesung; am 24.2.1799 starb er in Göttingen.

5.2 Wissenschaftliche Tätigkeit

Ab 1770 betätigte sich Lichtenberg auch an der Sternwarte in Göttingen,
an der Kästner Direktor war. Bald fand er einen Kometen wieder auf, der
sich der Beobachtung entzogen hatte, was Georg III. veranlaßte, ihm einen
teuren Quadranten zu schenken, dessen Eichung Lichtenberg in Hannover
vornahm, um sich den unfachmännischen Anweisungen Kästners taktvoll entziehen zu können [MAUTNER, 1968j].

Das Jahr 1777 brachte Lichtenberg einen wissenschaftlichen Höhepunkt
auf physikalischem Gebiet. Er ließ zwei große Elektrophore nach dem Vor-

bild Voltas (Kap.6) bauen [MAUTNER, 1968k]. Beim Planschleifen des Harzkuchens entdeckte er im entstehenden Harzstaub kleine, sternförmige Ge-
bilde, die wissenschaftlich noch nicht beschrieben waren. Lichtenberg untersuchte die später so genannten "Lichtenbergsche Figuren" und fand,
daß diese von Oberflächenladungen herrührten. Positive und negative Ladung gaben ein unterschiedliches Bild.

Er erkannte sofort die Möglichkeit, diese Figuren zur sicheren Unter-
scheidung von positiver und negativer Ladung zu nutzen. Er hielt über das
Thema drei Vorträge und schrieb fünf Publikationen in lateinischer Sprache. Die wichtigste hat Lichtenberg selbst ins Deutsche übersetzt
[LICHTENBERG, 1983a]. Seine Untersuchung war so gründlich, daß im
19.Jahrhundert zu dem Thema nichts Neues beizutragen war. Allerdings er-
füllte sich die Hoffnung Lichtenbergs nicht, daß die Figuren wesentlich
die Erkenntnisse über Elektrizität fördern könnten.

Die physikalische Leistung Lichtenbergs liegt weniger im erforschten
Gegenstand, den Flecken, sondern vielmehr in der Herausarbeitung einer
kritischen, mathematisch fundierten Forschungsmethode, die streng zwi-
schen Spekulation und Tatsache unterschied. Zu dieser Zeit konkurrierten
zwei Theorien über das Wesen der Elektrizität: Die unitarische Theorie
(B.Franklin) forderte nur *einen* elektrischen Stoff, dessen Überfluß oder
Mangel zweckmäßigerweise mit plus (+) und minus (-) zu bezeichnen ist.
Die dualistische Theorie (R.Symmer) meinte, es gäbe *zwei* Arten von elektrischen "Fluida", nämlich Phlogiston und Säure, wobei der überwiegende
Anteil die elektrische Polarität bestimme. Lichtenberg wirkte schlichtend
auf diesen Streit ein: "Warum wollen wir also eine Benennung (plus/minus)
aufgeben, ..welche folglich die Anhänger beider brauchen können. Der Idee
des Positiven und Negativen verdankt diese Lehre schon die wichtigsten
Bereicherungen.... und mir ist es sehr wahrscheinlich, daß die Physiker
auch in Zukunft die Erweiterung dieser Lehre mehr von den Zeichen der
Mathematiker als der Apotheker zu erwarten haben" [MAUTNER, 1968l].

Lichtenberg wandte sich auch der Erforschung der Luft- und Gewitter-
elektrizität zu, um sie praktisch anzuwenden. Als erster versah er sein
Gartenhäuschen mit einer Blitzschutzanlage [LICHTENBERG, 1983b]. Nach dem
Bekanntwerden der unterschiedlichen "Luftarten" (gemeint sind die Gasar-
ten), führte Lichtenberg Versuche mit Wasserstoff und Sauerstoff durch
und zündete mit Knallgas gefüllte Seifenblasen mit elektrischen Funken
während der Vorlesung. Auf die Explosion reagierten seine Zuhörer mit
lautem Beifall [MAUTNER, 1968m]. Er verschweißte in einer Sauerstoffat-
mosphäre zwei Stahlfedern "elektrisch", was den Eindruck erweckte, als ob
der elektrische Strom die gewaltige Wirkung hervorgerufen hätte.

Ein eigenes Lehrbuch hat Lichtenberg nicht geschrieben. Er begnügte sich damit, das Lehrbuch von Erxleben zu erweitern und neu herauszubringen. Bis zum Jahre 1790 erlebte es sechs Auflagen [MAUTNER, 1968n]. Zum Schreiben von Lehrbüchern bemerkte er: "Jeder Paragraph in (dieser) neuen Physik sollte so behandelt werden, daß man sähe, daß man ihn nicht abgeschrieben, sondern selbst dabei gedacht hat" [MAUTNER, 1968n]. Noch 1791 und 1792 schrieb er Beiträge zur Optik (I und II) und eine Biographie über N.Kopernikus [MAUTNER, 1968o] und J.H.Lambert (siehe Kap.3).

Seine literarische Tätigkeit als Kritiker, Herausgeber und Schriftsteller, Verfasser der Aphorismen und Sudelbücher muß hier unberücksichtigt bleiben, die Biographie von Mautner stellt diese Seite Lichtenbergs ausführlich dar. Gerade die Vielseitigkeit Lichtenbergs, seine Verdienste um die exakten Wissenschaften, seine Erfolge als Lehrer, sein Ansehen als aufgeklärter Philosoph und seine Tätigkeit als Schriftsteller auch populärwissenschaftlicher Darstellungen machen ihn für einen Biographen so faszinierend. Er war ein Mensch, der trotz seiner körperlichen Gebrechen das Leben und seine Freuden genoß und als Gesellschafter überall geschätzt wurde. Augenzwinkernd gibt er den Pädagogen in Deutschland im Vergleich zur englischen Erziehung mit auf den Weg: "Ich glaube, wenn unseren Pädagogen ihre Absicht gelingt,...daß sich die Kinder ganz unter ihrem Einfluß bilden, so werden wir keinen einzigen recht großen Mann mehr bekommen" [MAUTNER, 1968p].

5.3 Experimente mit Lichtenbergschen Figuren

5.3.1 Gerät zum Erzeugen von Lichtenbergschen Figuren

In der Werkstatt wurde ein metallener Rahmen so angefertigt, daß er die Glasscheibe einer von Gelatine befreiten, alten Photoplatte fassen kann. Aus dünnem Draht wurde ein Geflecht gespannt, wie es Tennisschläger haben, und die Glasscheibe daraufgelegt (Abb.5.1.). Das Drahtgeflecht sorgt dafür, daß die Rückseite der Glasplatte auf Erdpotential liegt. Durch die Kapazitätsvergrößerung kann jetzt eine nennenswerte Ladung auf die Glasoberfläche übergehen. Der so vorbereitete Rahmen wird geerdet auf einen Overheadprojektor gelegt (Abb.5.2. links), um die Figuren in der Projektion einem größeren Kreis sichtbar zu machen. Zwei Gegenelektroden, deren Form unerheblich ist (hier Kugeln), werden gegenüber der Glasplatte im Abstand von ca. 1mm isoliert angebracht. Diese Elektroden sind mit den beiden Polen z.B. einer normalen, langsam gedrehten Influenzmaschine verbunden (bereits ab einer Spannung von 5kV sind brauchbare Figuren zu er-

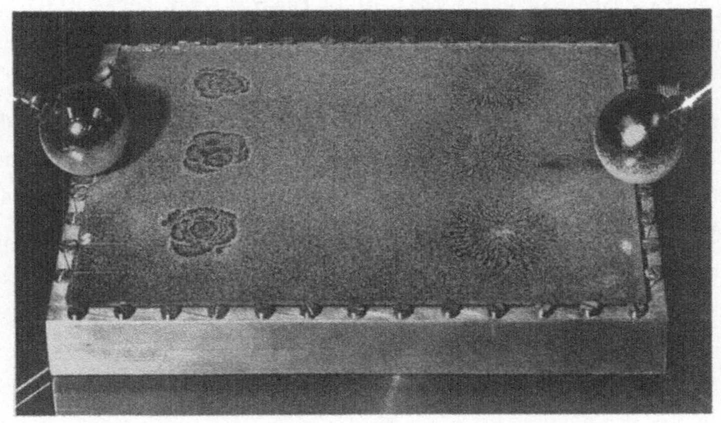

5.1 Gerät zur Erzeugung von Lichtenbergschen Figuren; links negatives, rechts positives Ladungsbild

zeugen, die Figuren der Abb.5.1. sind mit 10kV gemacht worden). So sind auch Hochspannungsnetzgeräte geeignet, die möglichst nach Wahl positive oder negative Ladungen abgeben können sollten, weil sonst nur eine Art der Figuren zu zeigen ist. Ist alles so vorbereitet, kann die Glasplatte bestäubt werden. Besonders harmlos und leicht streubar ist Lykopodium (Sporen von Bärlapp, im Lehrmittelhandel erhältlich); Lichtenberg hat dagegen nach 1777 ein Mischung aus Schwefelblüte und roter Mennige (die

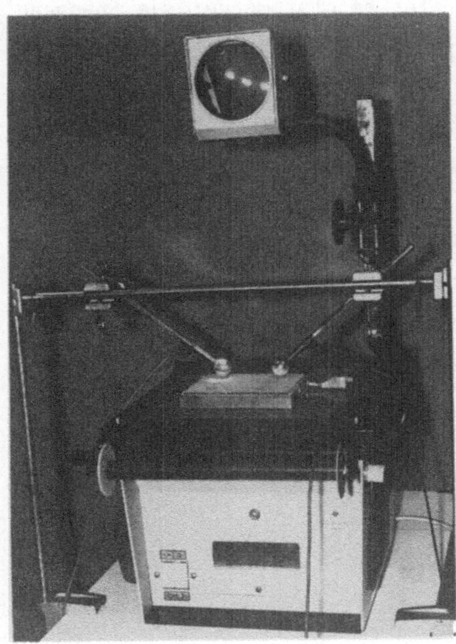 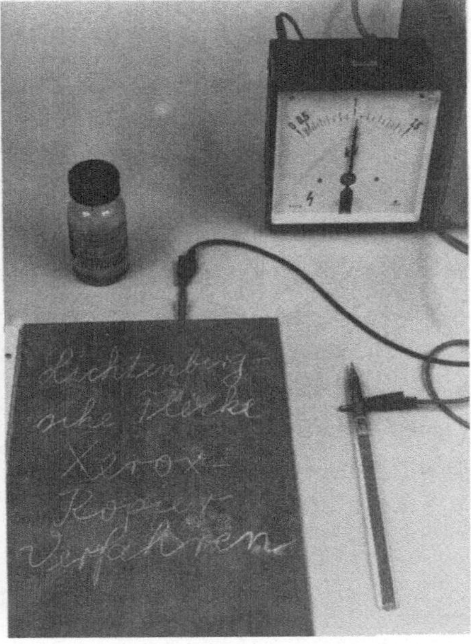

5.2 (links) Gesamtansicht zur Projektion vorbereitet; (rechts) Lichtdruckverfahren: Die sichtbare Schrift ist eine Kette von Lichtenbergschen Figuren

"Göttinger Mischung" in Verhältnis 10:1) benutzt, mit deren Hilfe die Figuren auf der Abb.5.1. entstanden sind. Die sternförmige, "schöne" Figur ist das Merkmal der positiven, die ringförmige, "weniger schöne" Figur das Zeichen der negativen Ladung. Die Form der Figuren ist von der Art des isolierenden Auflagematerials unabhängig. Im Sinne der heutigen Chaostheorie sind die positiven Figuren "selbstähnlich"; sie haben die Eigenschaft, in jedem beliebigen Ausschnitt immer gleich auszusehen, unabhängig davon, welchen Vergrößerungsmaßstab man gewählt hat [GROSSMANN, 1989].

5.3.2 Prinzipielles zum Photokopierverfahren

In eine handelsübliche Prospekthülle stecke man ein Stück Blech in passender Größe. Das Blech wird mit dem Erdpol eines Hochspannungsnetzgerätes, das 1,5 kV erzeugen kann, verbunden. Jetzt kann man mit einer abgerundeten Spitze, die einen Isoliergriff hat, auf die unbestäubte Prospekthülle schreiben. Die Schrift ist zwar nicht sichtbar, aber latent als Ladungsbild vorhanden. Streut man nämlich eines der genannten Pulver auf, bleiben sie an den elektrisch geladenen Stellen hängen, an den ungeladenen liegen sie aber nur auf, so daß man das überflüssige Pulver dort leicht wegblasen kann. Jetzt ist die Schrift wieder lesbar. Die Abb. 5.2 (rechts) zeigt die fertig beschriebene Prospekthülle. Es ist übrigens gleichgültig, welcher Pol des Netzgerätes benutzt wurde; die Spannung sollte aber nicht zu groß gewählt werden, weil sonst die Schriftlinien unklar werden.

Moderne photoelektrische Kopierer benutzen an Stelle der Glasscheibe Halbleiterschichten wie Selen, das in Dunkelheit ein Isolator ist, bei starkem Lichteinfall aber leitend wird. Die gesamte Selenschicht wird zunächst elektrisch positiv aufgeladen. Wird danach ein Schriftbild auf die Selenschicht projiziert, fließt die Ladung an den Stellen ab, die beleuchtet wurden, während sie an den unbeleuchteten Stellen, dem dunklen Schriftbild, erhalten bleibt. Das entstehende, elektrostatische Ladungsbild zieht Rußpartikel an und bildet "Lichtenbergsche Figuren", die aufs Papier gepreßt und dort mittels einer heißen Walze fixiert werden (Quelle: Deutsches Museum, München).

6. Alessandro Volta
und der Voltasche Versuch zum Galvanismus

6.1 Biographisches

Alessandro Volta wurde am 18.2.1745 in Como geboren. Bereits mit 18 Jahren beschäftigte er sich mit der damals geheimnisvollen Elektrizität und erfand 1775 den Elektrophor, einen neuartigen Erzeuger von Hochspannung. Seine Erfindung erregte Aufmerksamkeit, er wurde "reggente di Liceo" (Lehrer am Lizeum) und ein Jahr später "Lettore di fisica" (Lektor für Physik) am Gymnasium in Como. Nach 1777 wandte sich Volta chemischen Arbeiten zu und entdeckte im Sumpfgas das Methan. 1778 wurde er auf Betreiben eines reichen Adligen Professor an der Universität in Pavia, einer alten und sehr angesehenen Universität in der Lombardei, an der Volta seine Forschung auf dem Gebiet der Elektrizität fortsetzte [KOCH, 1975a].

1784 besuchte er G.C.Lichtenberg (Kap.5) in Göttingen, brachte Geräte mit, was Lichtenberg bewunderte: "Er hatte viele Instrumente bei sich ...es war Schlosserarbeit, allein er richtete alles damit aus" [KOCH, 1975b]. Für seine Arbeiten über den Kondensator erhielt Volta die Copleymedaille der Royal Society, die zu dieser Zeit höchste wissenschaftliche Auszeichnung [KOCH, 1975a], und unternahm als Autorität auf seinem Gebiet viele Reisen durch Europa.

Nach der Entdeckung der "tierischen Elektrizität" durch seinen Landsmann A.L.Galvani (1791) wiederholte Volta dessen Versuche und entwickelte in den folgenden Jahren die Voltasche Kontakttheorie über die Quelle der elektrischen Erscheinungen [KOCH, 1975c]. Die Krönung seiner wissenschaftlichen Erfolge war die Konstruktion der Voltaschen Säule um 1800. Daraufhin wurde er von der Académie des Sciences nach Paris eingeladen (1801), wo er im Beisein Napoleons - damals noch 1.Konsul und Gast der Akademie -, vor den Mathematikern Lagrange, Laplace und Rumford seine Experimente mit der Voltasäule zeigte.

Voltas Kontakthypothese zum Galvanismus wurde nicht allgemein geteilt. J.W.Ritter (Begründer der Elektrochemie und romantischer Naturphilosoph, 1776-1810) damals in München, später in Jena lebend, war davon überzeugt, daß der Galvanismus chemisch bedingt sei. Er erläuterte Volta seine Ansichten in einem Brief. Der aber antwortete nicht einmal, denn nach Meinung Voltas betrieb Ritter "transzendentale chemische Physiologie" [KOCH, 1975d]. Ritter bewunderte dagegen den gefeierten und weltmännisch auftretenden Wissenschaftler und schrieb nach einem Besuch in Como: "...er ist vollendet, einer Säule gleich!" [RITTER, 1966].

Als fast 60jähriger zog sich Volta aus dem wissenschaftlichen und öffentlichen Leben zurück, um sich ganz der Erziehung seiner Kinder zu widmen. Im Jahre 1810 wurde er noch zum "Conte del Regno d'Italia" ernannt, mußte 1814 aber in den Wirren der Märzrevolution aus Mailand fliehen. 1820 konnte er in seine Heimat Como zurückkehren, wo er am 5.3.1827 starb [KOCH, 1975a]. Eine große Gedenkstätte unmittelbar am See in Como, in der sich ein Museum befindet, erinnert an den bedeutendsten Sohn Comos. Die heutige 10000-Lire-Banknote zeigt Voltas Porträt und auf der Rückseite die Gedenkstätte in Como.

6.2 Wissenschaftliche Arbeiten

Auch der junge Volta wurde von der Modeströmung der Zeit erfaßt, die der Erforschung elektrischer Erscheinungen größte Aufmerksamkeit widmete und in der Elektrizität das Lebensgeheimnis vermutete. Ein Geistlicher, von Volta befragt, riet ihm zunächst zu vorurteilsfreiem Experimentieren; nur so könne er Wahres über die Elektrizität erfahren. In wenigen Jahren erwarb sich Volta großes Experimentiergeschick und setzte sich brieflich mit vielen bekannten Wissenschaftlern auch über theoretische Fragen auseinander [KOCH, 1975e]. So unterstützte er etwa die These von B.Franklin, daß es nur *ein* elektrisches Fluidum gäbe. Um 1769 erforschte Volta die elektrische Influenz und erkannte, daß man die Wirkung der Reibungselektrizität auch durch Influenz deuten kann: Es kommt nicht auf das "Reiben", sondern auf den verstärkten Kontakt mit anschließender Trennung an [KOCH, 1975e]. So konnte er später die Wirkungsweise des Elektrophors, von ihm "elettroforo perpetuo" genannt, erklären: Ein Elektrophor ist eine Art Kondensator, dessen elektrische Ladung, die auf der Oberfläche des Harzkuchens sitzt, unverändert bleibt, wenn man sie einmal durch Reiben erzeugt hatte. Damals bestanden die Elektrophore aus einem Zinnteller, in den ein Kuchen aus Terpentin, Harz und Wachs (auch: Kollophonium) in erwärmtem Zustand eingegossen wurde, der beim Erkalten erstarrte. Ein Deckel, etwas kleiner als der Harzkuchen, war aus glattem, kantenfreiem Holz gefertigt, das metallisch bezogen war. Ein gläserner Stiel erlaubte das Abheben des Deckels, ohne den Deckel zu entladen (Abb.6.1). Die Bedienung des Elektrophors ist wie folgt: Man reibe den Kuchen beispiels-

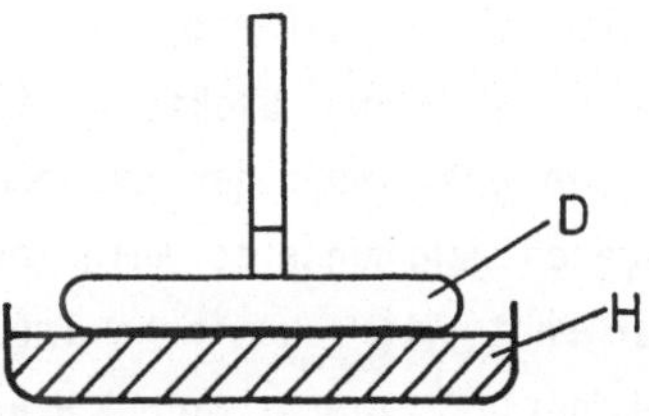

6.1 Schema eines Elektrophors; H Harzkuchen; D Deckel mit Isoliergriff

weise mit einem Katzenfell. Dann lege man den Metalldeckel auf, berühre
die *obere* Fläche des Deckels, wodurch eine leitende Verbindung zwischen
Deckel und Kuchenteller zustande kommt, und hebe den Deckel am Isoliergriff ab. Der abgehobene Deckel ist dann bei hoher Spannung geladen.

G.Beuermann deutet den Vorgang beim Elektrophor durch Serienschaltung
zweier Kondensatoren: Der erste, aus Zinnteller und Reibefläche gebildet,
hat nur eine kleine Kapazität, der zweite dagegen, aus Reibeschicht und
Deckel bestehend, hat wegen des kleinen Abstandes zwischen beiden eine
relativ große. Wurde durch das Reiben und anschließende Berühren in beiden eine gleiche elektrische Ladung verschoben, erhöht sich die Spannung
im abgehobenen Deckel beträchtlich, weil sich die anfänglich große Kapazität des zweiten Kondensators stark verringert. Der geladene Elektrophor
behält seine Eigenschaften dauernd, deshalb kann die abgegebene elektrische Energie nicht vom Reiben des Kuchens stammen, sondern stammt aus der
mechanischen Abhebearbeit des Deckels [BEUERMANN, 1981].

Voltas Einstellung zur Physik ist an folgendem Zitat erkennbar: "Kein
Physiker wird leugnen, daß man, um die verschiedenen Zweige der Naturwis-
senschaft zu entwickeln und zu vervollkommnen, meist damit anfangen muß,
sich auf die Vervollkommnung der entsprechenden Instrumente zu beschrän-
ken." [KOCH, 1975b]. Sehr schnell erkannte er, daß die von Galvani po-
stulierte "animalische" Elektrizität nicht die Ursache der galvanischen
Erscheinungen ist, daß vielmehr die elektrische Wirkung allein auf die
Anwesenheit zweier unterschiedlicher Metalle zurückzuführen ist. Der Bo-
logneser Arzt Galvani hatte zweierlei beobachtet und nicht auseinanderge-
halten: Einmal hatte er nämlich, im heutigen Verständnis gesprochen, das
galvanische Element insofern entdeckt, als die zwei unterschiedlichen
Metalle in einem *Elektrolyten* (dem Froschschenkel) elektrochemisch reagierten und gleichzeitig den Schenkel zum Zucken brachten, zum anderen
bildete sich eine *Halbleiterdiode* an der Grenzfläche der Metalle
(Kupfer-Kupferoxid-Zink), die die gedämpften elektromagnetischen Wellen
der Entladungsfunken einer Elektrisiermaschine oder eines entfernten Ge-
witters gleichzurichten vermochte und dadurch den Muskel des Froschschen-
kels ebenfalls zum Kontrahieren veranlaßte.

Volta konzentrierte sich allein auf die Erforschung der Rolle der Metalle bei der Erzeugung galvanischer Elektrizität und entwickelte dabei seine Kontakthypothese, die erst nach der Entdeckung des Energieprizips um die Mitte des vergangenen Jahrhunderts aufgegeben wurde. Im Gegensatz dazu stand, wie schon erwähnt, die chemische Theorie der Elektrizitätserzeugung. Sie wurde bekanntlich zuerst von J.W.Ritter begründet, allerdings ohne wissenschaftliche Anerkennung zu erlangen. Volta hatte eine neue Elektrizitätsquelle von verhältnismäßig geringer Spannung geschaffen, die aber relativ starke elektrische Dauerströme liefern konnte.

Zuletzt kam Volta auf folgende Deutung: Bei Berührung zweier verschiedener Metalle verteilt sich die Elektrizität so, daß das erste Metall Elektrizität aufnimmt, die dem zweiten Metall fehlt. Nur durch die Berührung der Metalle kommen die galvanischen Erscheinungen zustande. Diese Spannung existiert tatsächlich, man nennt sie heute "Kontaktspannung" oder "Voltaspannung", die zwischen Zink (+) und Kupfer (-) 0.89V beträgt. Volta teilte elektrische Leiter in solche erster und solche zweiter Klasse. Alle Festleiter gehörten zur ersten Klasse, alle Feuchtleiter zur zweiten Klasse. Er reduzierte den galvanischen Prozeß auf folgendes Prinzip: Der aus wenigstens *drei* Leitungselementen (Abb.6.2) zusammengesetzte elektrische Kreis darf nur *eine* Stelle besitzen, an der gleiche Leiterklassen berühren; das ist der Kontakt der beiden Festleiter A und B. Wie beim Elektrophor hält sich an der trockenen Kontaktstelle die Elektrizität zeitlich unbegrenzt. Der Feuchtleiter, dessen Leitfähigkeit mit Hilfe von Salzen oder Säuren vergrößert werden kann, diene lediglich dazu, den Stromkreis ohne abermaliges Kontaktieren der Metalle zu schließen.

Aber nicht nur Überlegungen begründeten Voltas Theorie, sondern mehrere Experimente, denen Volta bekanntlich große Bedeutung beimaß, unterstützten sie. Die Abb.6.3 (links) zeigt ein Originalgerät von Volta, das im Voltamuseum in Como unter schwierigen Bedingungen aufgenommen worden ist. Der Meßpol eines Goldblattelektrometers ist mit einem Zinkdeckel verbunden, auf dem ein gleichgroßer, zweiter Deckel aus einem anderen Metall (z.B.Kupfer) liegt, der einen Isoliergriff hat. Volta variierte das Metall der Deckel und fertigte mehrere in gleicher Größe an. Im folgenden ist gezeigt, welche Versuche Volta mit dem Elektrometer durchgeführt hat.

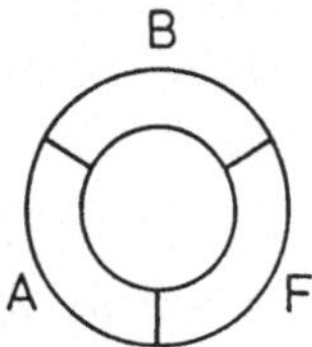

6.2 Zur Voltaschen Theorie: Es berühren Metall A, Metall B und der Feuchtleiter F; nach Volta entsteht die Elektrizität zwischen A und B

 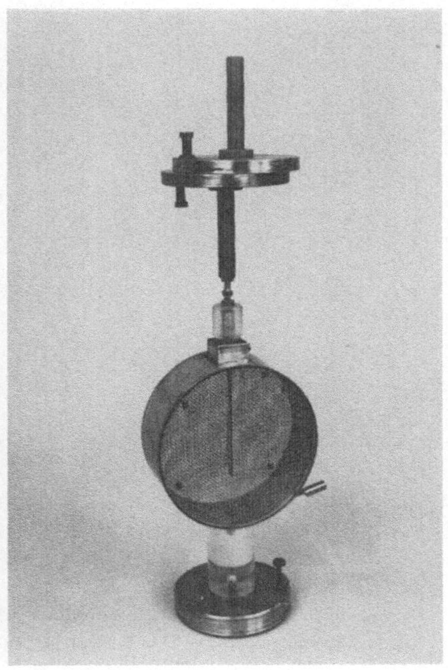

6.3 (links) Originalelektrometer Voltas (Standort: Museum Como), (rechts) Nachbau

6.3 Der Voltasche Fundamentalversuch im Nachbau

Man benötigt zunächst ein Goldblattelektrometer üblicher Bauart. In Abb.6.3 (rechts) erkennt man den Korpus, aus einem Messingrohr von 10 cm Durchmesser gedreht, vorn und hinten mit einem Fenster aus Plexiglas versehen. Das Plexiglas ist mit einer Drahtgaze hinterlegt, um Aufladungen der Oberflächen abzuleiten. So ist der Raum, in dem sich das Elektrometerblättchen befindet, von elektrischen Störfeldern frei. Am Meßpol, in der Mitte sichtbar, ist ein Streifen aus Blattgold angeklebt, welches anzubringen ein wenig Übung und eine ruhige Hand erfordert [v.ANGERER, 1966]. Die Spreizung des Elektrometerblättchens wird durch eine optische Projektion deutlich sichtbar. Beide Pole des Elektrometers sind zwar von der Konstruktion her isoliert, hier wird das Gehäuse aber - wie bei Volta - geerdet. Auf der Drehbank werden zwei Aluminiumteller angefertigt, einer mit einem Kupferblech, der andere mit einem Zinkblech belegt und auf der Drehbank sorgfältig plan gedreht. Einer der Teller wird auf den Meßpol gesteckt, der andere mit einem metallenen Griff versehen. Zieht man mit einem Ruck die obere Platte ab, spreizt sich das Blattgold dann ein wenig, wenn man sie beim Abziehen nur wenig gekippt hatte. Man kann im

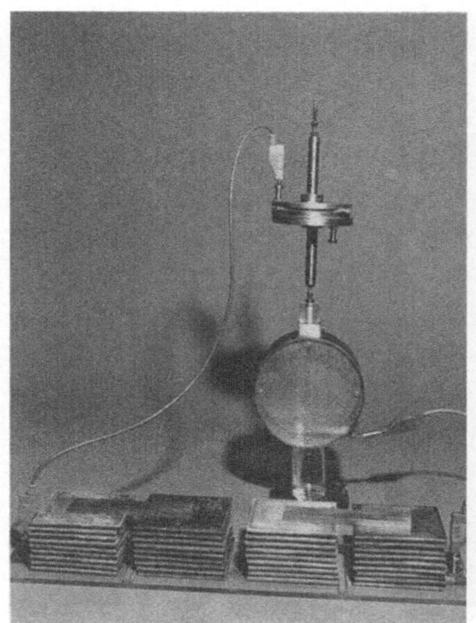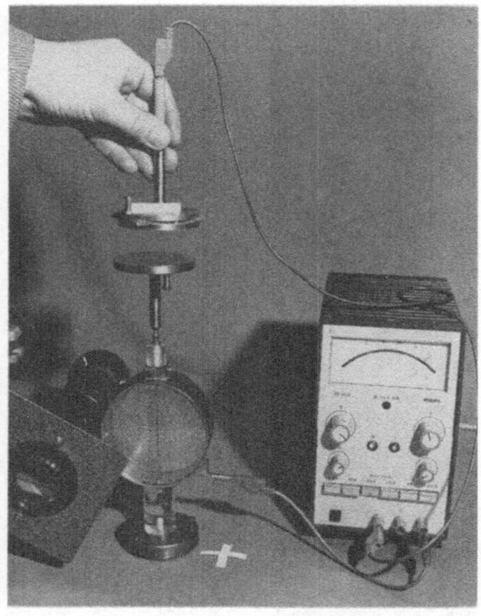

6.4 Experimente mit dem Nachbau, die Vorspannung wird links mit einer Voltasäule, rechts mit einem modernen Versorgungsgerät erzeugt

Falle des Mißerfolges den Versuch beliebig oft wiederholen, bis der Effekt eintritt.

Viel zuverlässiger läßt sich der Versuch durchführen, wenn man das Elektrometer mit ca. 50-80V vorspannt, bis sich das Goldblättchen deutlich abspreizt (Abb.6.4). Wegen der quadratischen Anzeige elektrostatischer Instrumente wird dann das Elektrometer bei größerem Ausschlag einmal erheblich empfindlicher und gibt zusätzlich die Möglichkeit, die Polarität der Kontaktspannung anzuzeigen. Es ist zu erkennen, daß der Kupferpol der negative, der Zinkpol der positive ist; die Polung ist also *umgekehrt* wie die des galvanischen Elementes. Zur Orientierung zeigt Abb.6.5. die Schaltung. Der Bequemlichkeit wegen wurden dort drei Platten benutzt, damit bei rascher Wiederholung des Versuches die beiden unteren Platten, die zur Erzeugung der Kontaktspannung dienen, trocken bleiben. Zwischen den beiden oberen Platten wird ein feuchter Filz geklemmt. Sie bilden ein galvanisches Element mit ca.1,1V Spannung. Trennt man diese Feuchtverbindung, bleibt der Effekt aus oder ist minimal. Volta maß der letzteren Kombination als Quelle der Elektrizität keine Bedeutung bei.

Es ist offenbar: Volta hatte damals mit seinem Meßverfahren die Kontaktspannung zwischen Kupfer und Zink gemessen, die sich normalerweise in einem geschlossenem Stromkreis aufhebt. Durch das Abtrennen der oberen Platte erhält die Anordnung die Funktion eines Plattenkondensators, der mit einer Ladung, die der Kontaktspannung entspricht, aufgeladen ist.

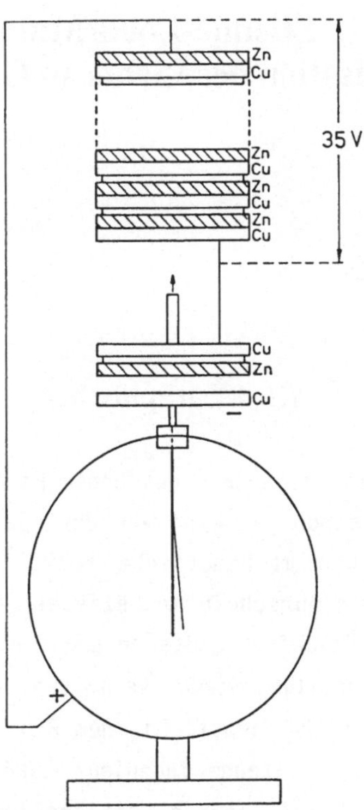

6.5 Schaltplan zum Fundamentalversuch mit Vorspannung; bei der gezeigten Polung vergrößert sich beim Abheben des Deckels die Anzeige der Vorspannung

Verkleinert man durch weiteres Abheben die Kapazität dieses Kondensators, steigt wegen der Ladungserhaltung die Spannung an. Bei geschicktem Abheben verändert sich die Spannung um über 20V, was auch mit diesem, relativ unempfindlichen Elektrometer registrierbar ist. Unterbricht man aber den "Feuchtleiter", verschwindet der Effekt deshalb, weil feine, nasse Härchen des Filzes die Platten noch bei größerem Abstand kurzschließen. Ohne Kenntnis der Kondensatorgleichung $Q = C \cdot U$, die Bestandteil der 1.Maxwellschen Gleichung (nach 1865) sein wird, und ohne den Energieerhaltungssatz konnte Volta die Mängel der Kontakttheorie nicht erkennen.

7. Etienne-Louis Malus
und die Polarisation des Lichts an Glasoberflächen

7.1 Biographisches

Malus wurde am 23.7.1775 als Sohn eines hohen Finanzbeamten in Paris geboren. Er fühlte sich schon als Kind von der klassischen Bildung angesprochen, las aber auch mathematische Werke. 1793 bestand er das Aufnahmeexamen der Ingenieurschule in Mézières und war bald Unterleutnant. Wegen Disziplinlosigkeiten mußte er aber, offenbar degradiert, die Schule und die Militärabteilung wieder verlassen. Als Freiwilliger meldete er sich erneut zum Militärdienst. Mit dem Bau von Befestigungsanlagen beschäftigt, bemerkte der leitende Ingenieur, daß die Gruppe von Arbeitern, zu der der junge Malus gehörte, rationeller arbeitete als andere Gruppen. Der Ingenieur entdeckte Malus als geistigen Urheber und veranlaßte, daß dieser die neu gegründete "Ecole Polytechnique" besuchen konnte. Nach Abschluß des Polytechnikums bezog Malus 1796 die Ingenieurschule. Noch im gleichen Jahr wurde er zum Kapitän des Geniekorps - die damalige Bezeichnung für Ingenieur- und Artillerietruppen - befördert und tat in der Revolutionsarmee Dienst [ARAGO, 1855a].

Durch Kriegsereignisse in Hessen geriet er in Garnison nach Gießen, wo er sich mit der Tochter des dortigen Universitätskanzlers verlobte, aber nicht heiraten konnte, weil ein Marschbefehl ihn plötzlich nach Toulon kommandierte, von wo er mit einer Expeditionsarmee zunächst mit unbekanntem Ziel in See stach. Nach der Eroberung von Malta erreichte die Flotte Ägypten, und Malus erhielt die Aufgabe, die Landung der Truppen technisch vorzubereiten. Die Nachricht von der Vernichtung der französischen Flotte bei Abukir ließ ihn in tiefe Depressionen sinken.

Napoleon Bonaparte zeigte schon als Konsul ein außerordentliches Interesse an den Wissenschaften. Er gründete das Ägyptische Institut und bestimmte Malus zum Mitglied [ARAGO, 1855b]. Beim Bau von Verteidigungsanlagen machte der junge Offizier interessante ägyptologische Funde. Voller Interesse besuchte er sofort die Pyramiden in Gizeh, als er Gelegenheit dazu hatte.

Noch während des Ägyptenfeldzuges schrieb Malus (1799) seine erste Abhandlung über das Licht [ARAGO, 1855c]. Es wird berichtet, daß er bei einem eiligen Nachtmarsch durch die Wüste die Offiziere durch astronomisches Wissen verblüffte und verhinderte, daß sich die Truppe im Kreise bewegte [ARAGO, 1855d].

1801 verließ Malus nach einer Übereinkunft der Oberkommandierenden auf einem englischen Transportschiff Ägypten und kehrte nach Frankreich zurück. Nach einer vorgeschriebenen Quarantänezeit in Marseille reiste er sofort nach Gießen, um seine Braut Wilhelmine Koch zu heiraten. Nach kurzem Aufenthalt in Lille (1802-03) entwarf er in Napoleons Auftrag 1804 die Modernisierung des Hafens von Antwerpen. Er entwickelt dort neue Wasserschöpfwerke mit Windantrieb. Nach anderen Aufenthalten ging er 1809 nach Paris und wurde 1810 zum Major (Rang eines Oberstleutnant) des Geniekorps befördert. Als durch den Tod von Prof. Montgolfier ein Platz in der physikalischen Abteilung des Pariser Instituts frei wurde, bemühte sich Malus im Wettbewerb mit anderen Kandidaten erfolgreich um den Posten.

Malus fiel die Aufgabe zu, die Artillerieoffiziere der Fachschule Metz nach ihren Leistungen zu beurteilen, und er prüfte auch an der "Ecole Polytechnique". Er sollte deren Direktor werden, sein früher Tod ließ das aber nicht mehr zu. Wegen seiner gediegenen Kenntnisse und Fähigkeiten auf vielen Gebieten und seines unbestechlichen Gerechtigkeitssinnes war er hoch geachtet.

Malus soll mit seiner hessischen Frau eine besonders glückliche Ehe geführt haben. Als ihn 1811 eine Lungentuberkulose bettlägerig machte, pflegte sie ihn bis zu seinem Tode am 23.2.1812 in aufopfernder Weise, und erlag nur wenige Monate nach ihm der gleichen Krankheit [ARAGO, 1855e].

7.2 Wissenschaftliche Arbeiten

Zeit seines Lebens vertrat Malus die Newtonsche Korpuskulartheorie. Die Ergänzungen dazu, die er während des Ägyptenfeldzuges aufschrieb, blieben aber genauso ohne Bedeutung wie die unbewiesene Behauptung, daß im Wasser die Fortpflanzungsgeschwindigkeit des Lichtes, der Newtonschen Theorie entsprechend, größer als in Luft sei [ARAGO, 1855f]. Die Arbeiten waren als wissenschaftlicher Beitrag für das "Ägyptische Institut" gedacht. Sie zeigen nur, daß sich Malus schon früh mit der Optik befaßt hatte.

1807 legte er der "Ersten Klasse des Instituts", wie damals die Pariser Akademie hieß, eine "Analytische Optik" vor. Die Arbeit wurde nach der Entscheidung berühmter Mathematiker, wie J.L.Lagrange, P.S.Laplace und anderer gedruckt [ARAGO, 1855g]. Noch im gleichen Jahr schrieb er einen neuen Aufsatz über die "brechende Kraft der undurchsichtigen Körper". Er verwandte Wachs, das je nach Temperatur einmal durchsichtig und einmal undurchsichtig ist. Malus erhoffte sich eine begründete Entscheidung zwischen den beiden rivalisierenden Lichttheorien [ARAGO, 1855h]. Der Zusammenhang von optischer Brechung, Reflexion und Extinktion ist aber kompliziert und konnte damals noch nicht aufgedeckt werden.

Anfang des Jahres 1808 stellte die Akademie in Paris eine Preisaufgabe zur Klärung der Doppelbrechung des Lichtes, die bis 1810 gelöst werden sollte. Malus lieferte seine Arbeit, die ihn berühmt machen sollte und den Preis erhielt, bereits 1808 ab. Sie hatte den Titel "Abhandlung über eine Eigenschaft des von durchsichtigen Körpern zurückgeworfenen Lichtes" [ARAGO, 1855i].

Da Malus Anhänger der Newtonschen Lichttheorie war, meinte er, wie auch andere, etwa Laplace und J.-B.Biot, daß die Erscheinungen der Polarisation nur mit dieser zu erklären seien und machte entsprechende Hilfshypothesen. Die Wellentheorie setzte sich erst nach 1830 endgültig durch, als statt der longitudinaler nunmehr transversale Lichtwellen diskutiert wurden, obwohl diese Annahme nach der Äthervorstellung unmöglich erschien.

Malus beobachtete abends durch einen doppelbrechenden Turmalin (Kalkspat) das Spiegelbild der untergehenden Sonne in den Fensterscheiben des gegenüberliegenden Palais Luxembourg. Er sah aber statt der erwarteten zwei Bilder nur eines. Nach Einbruch der Dunkelheit setzte Malus seine Beobachtungen und Untersuchungen in seiner Wohnung mit einer Kerze, einer Glasplatte, einer Wasseroberfläche und einem Turmalin als Analysator fort. Beim Drehen des Kristalles wurde das Minimum zum Maximum und umgekehrt. Bei einem bestimmten Reflexionswinkel (später "Brewsterwinkel" genannt) verschwand das gespiegelte Licht im Minimum völlig. Das unter dem richtigen Winkel reflektierte Licht war nämlich vollständig polarisiert und konnte den Analysator nicht passieren. Der Versuch gab die Möglichkeit, die Richtung der Polarisation bezüglich zur Einfallsebene der Oberfläche zu definieren ("senkrecht" und "parallel" polarisiertes Licht) [ARAGO, 1855j].

Malus untersuchte ein Jahr später auch das durch schräggestelltes Glas hindurchtretende Licht und stellte bei ihm teilweise Polarisation fest. Er erfand den "Malusschen Säulenpolarisator", indem er viele Glasplatten schräg hintereinanderstellte. Das am Ende des Apparates schließlich heraustretende Licht war weitgehend polarisiert [ARAGO, 1855k].

Malus vermochte seine Erkenntnisse zur Polarisation teilweise zu mathematisieren. Er stellte das Cosinusquadratgesetz (Malussches Gesetz) auf, das die Lichtintensitäten nach dem Durchgang durch einen Polarisator und einen Analysator unter Berücksichtigung des Winkels der Polarisationsebenen beschreibt. Mach [MACH, 1921] meint, Malus sei wegen des Satzes des Pythagoras darauf gekommen.

Als die Entdeckung bekannt geworden war, schrieb 1811 Th.Young an Malus einen Brief und gratulierte ihm zur Verleihung der kürzlich gestifteten Rumford-Medaille. In dem Brief deutete Young an, daß die Versuche von Malus zwar das Ungenügende seiner eigenen Interferenztheorie zeigen, aber nicht deren Unrichtigkeit beweisen [ARAGO, 18551]. Er hat diesen Brief wegen seines nahenden Todes nicht mehr beantworten können.

7.3 Experimente zur Entdeckung der Polarisation an Glas

7.3.1 Der „Nachtversuch" von Malus von 1808

Man nehme eine Photoentwicklerwanne und fülle sie mit Wasser. Davor stelle man eine brennende Kerze so, daß man das Spiegelbild unter der Wasseroberfläche sehen kann. Ist alles so vorbereitet, halte man vor das Auge einen Polarisationsfilter. Die Änderung der Helligkeit ist beim Drehen des Filters sofort zu erkennen. In kurzer Zeit findet man das Minimum der Helligkeit, das vom Drehwinkel des Polarisationsfilters und vom Reflexionswinkel abhängt; dann verschwindet das Spiegelbild im Wasserspiegel. Die Anordnung sieht man auf Abb.7.1, die Photographien der Spiegelbilder der Kerze auf Abb.7.2.

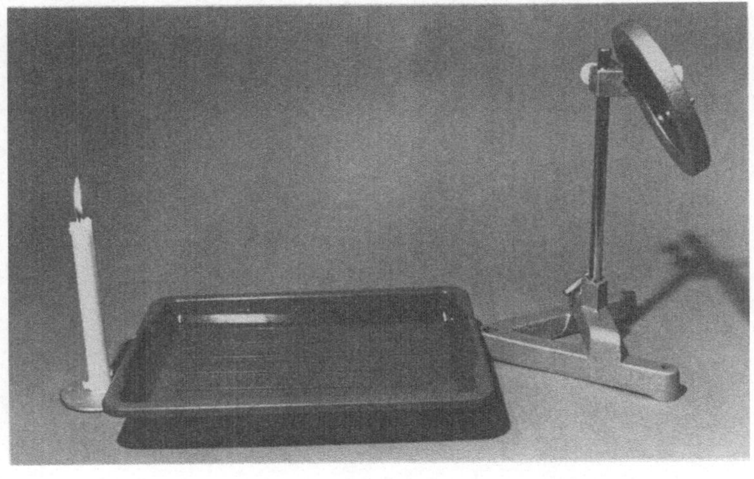

7.1 Versuchsanordnung zum "Nachtversuch" von Malus

7.2 (links) Das Spiegelbild der Kerze ist sichtbar; (rechts) ein gekreuzt gestellter Polarisationsfilter läßt das Spiegelbild der Kerze verschwinden

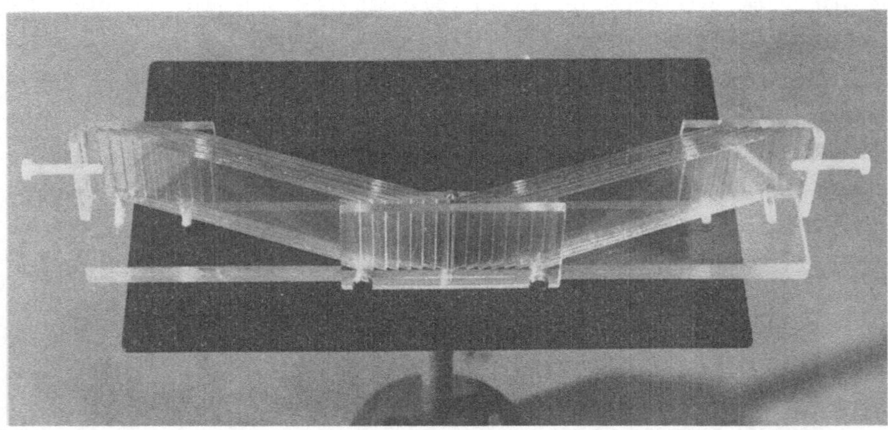

7.3 Nachbau einer Malusschen Säule; zwei entgegengestellte Säulen verhindern die seitliche Versetzung

7.3.2 Die Malussche Säule von 1809

Solche Säulen sind sowohl als Polarisator als auch als Analysator zu ver-
wenden. Sie sind besonders leicht herzustellen. Man nehme ein Dutzend Ob-
jektträger für Mikroskope oder andere Glasscheiben, säubere sie und lege
sie übereinander. Der Nachbau ist auf Abb.7.3 gezeigt. Fällt jetzt unpo-
larisiertes Licht schräg durch die Glasplatten, ist das hindurchtretende
Licht weitgehend polarisiert. Der Winkel, unter dem das Licht auffällt,
muß nicht der Polarisationswinkel sein, sondern sollte nur groß genug
sein. Wegen des höheren Polarisationsgrades pro Glasscheibe sind dann weniger Glasplatten erforderlich [POHL, 1976].

8. Augustin-Jean Fresnel und die Fresnelsche Zonenkonstruktion zur Deutung der geradlinigen Ausbreitung von Lichtwellen

8.1 Biographisches

Fresnel wurde am 10.5.1788 in Broglie bei Bernay als Sohn eines Baumeisters der Militärbehörden geboren. Die Mutter war eine hochgebildete Frau, die in der Lage war, ihren vier Kindern guten Unterricht zu erteilen. Während ein älterer Bruder schnell Fortschritte machte, kam der zarte Augustin-Jean nur mühsam vorwärts. Mit acht Jahren konnte er noch nicht richtig lesen, weil es ihm offenbar zuwider war, sich zusammenhanglosen Merkstoff einverleiben zu müssen. Nach seinen Leistungen im Unterricht hätte niemand dem Knaben eine wissenschaftliche Zukunft vorausgesagt. Augustin Fresnels Spielgefährten aber wußten es besser, denn er hatte mit neun Jahren einen harmlosen Flitzbogen durch Wahl geeigneter Parameter so "verbessert", daß er eine gefährliche Waffe geworden war und die Benutzung von den Eltern verboten werden mußte. 1801 kam Augustin auf die Zentralschule nach Caen, wo ausgezeichnete Lehrer ihn besonders förderten. 1804 trat er in die Ecole Polytechnique in Paris ein, die von 1795-96 bereits Malus besucht hatte; dort gewann er noch im gleichen Jahr eine geometrische Preisaufgabe, deren Lösungsqualität der Mathematiker Legendre erkannte [ARAGO, 1854a]. Nach Abschluß des Polytechnikums erhielt Fresnel bald den Titel eines "Gewöhnlichen Ingenieurs". In staatlicher Anstellung hatte er an der Beseitigung der Zerstörungen der Revolutionsjahre mitzuwirken, wobei er vor allem Straßenausbesserungsarbeiten in der Provinz und auch in Paris beaufsichtigen mußte. Als Beamter fühlte er sich der sorgsamen Verwendung von Staatsgeldern verpflichtet und ging gegen Schlamperei und Korruption unnachsichtig vor. Als Napoleon 1815 nach Frankreich zurückkehrte, meldete sich Fresnel zur Armee des 1814 wiedereingesetzten Königs aus dem Hause Bourbon, obwohl er für den Kriegsdienst nicht sonderlich geeignet war [ARAGO, 1854b]. Nachdem aber Napoleon im Lande wieder die Macht errungen hatte, entließ er den königstreuen Fresnel und ließ ihn von der Polizei beobachten. Die Überwachung Fresnels schien aber nicht sehr streng gewesen zu sein, denn er vermochte ungehindert nach Paris zu reisen und Kontakt mit alten Freunden aufzunehmen [ARAGO, 1854c]. In dieser politisch wechselhaften Zeit schrieb Fresnel seine erste wissenschaftliche Arbeit über die Abberation der Fixsterne (1814), die aber keine sonderliche Eigenständigkeit aufweist [ARAGO, 1854d]. Aus einem Brief [ARAGO, 1854b] aus dem Jahre 1814 geht hervor, daß er zu diesem Zeitpunkt noch nicht wußte, was "Polarisation des Lichts" ist, ein Jahr später zählte er dagegen bereits zu den bedeutendsten französischen Physikern [ARAGO, 1854e]. Zwischen 1815 und 1826 hat Fresnel in einer Arbeitsperiode ohnegleichen in seiner "Freizeit" alle wissenschaftlichen Arbeiten angefertigt, die durchweg aus der Optik stammten und ihn weltberühmt gemacht haben. Im Jahre 1819 gewann er einen von der Académie des Sciences ausgesetzten Preis zur Behandlung der Beugung des Lichts. 1823 wurde er zum Mitglied dieser Gesellschaft gewählt. 1825 nahm ihn die Royal Society in London unter ihre auswärtigen Mitglieder auf [ARAGO, 1854e].

1824 erlitt Fresnel einen Blutsturz, wohl Symptom einer Tuberkulose. Auf Rat seines Arztes verließ er Paris, weil die gesündere Landluft größere Heilungsaussichten versprach. Acht Tage vor seinem Tode wurde ihm in Ville d'Avray bei Paris die Rumford-Medaille der Royal Society überreicht. Am 14.7.1827 starb er dort [ARAGO, 1854f].

8.2 Wissenschaftliche Arbeiten

Zunächst beschäftigte sich Fresnel mit der Doppelbrechung. Es war von Interesse, zu wissen, ob nur Kalkspat und Quarz die Eigenschaft der Doppelbrechung besitzen. Bereits Seebeck (siehe Kap. 11) fand Doppelbrechung in Glastropfen, die im heißen Zustand in kaltem Wasser abgeschreckt worden waren [ARAGO, 1854g]. Auch Brewster verstand es, durch Walzen von zähflüssigem Glas in stets gleicher Richtung die Eigenschaft der Doppelbrechung im erkalteten Glas zu erhalten. Fresnel erzeugte Doppelbrechung in Glas auf höchst einfache Weise, indem er es mit Hilfe von Schrauben stark preßte [ARAGO, 1854h]. Das Verfahren wird heute dazu benutzt, den Verlauf von Spannungen in Trägern, Kranhaken u.ä. zu überprüfen, indem man die Form des zu prüfenden Stückes z.B. in Plexiglas nachbaut und es in polarisiertem Licht betrachtet.

Fresnel untersuchte mit Arago zusammen die Interferenzfähigkeit des polarisierten Lichtes. Dabei stellte er fest, daß zwei Lichtbündel, deren Polarisationsebenen gekreuzt sind, nicht miteinander interferieren, auch wenn alle anderen Bedingungen erfüllt sind. Fresnel entdeckte, daß die zu beobachtenden Interferenzen nicht nur auf einem Schirm sichtbar gemacht werden können, sondern über weite Bereiche existieren und mit einer Lupe

im Raum beobachtet werden können ("Fresnelsche Beobachtungsmethode").
Sein Verfahren hat den großen Vorzug, wegen der Direktbeobachtung mit dem
empfindlichen Auge viel geringere Lichtstärken zu benötigen als bei der
Beobachtung auf einem Schirm nötig sind [ARAGO, 1854i].

In jedem Lehrbuch der Optik findet man unter dem Stichwort "Fresnelsche Formeln" [POHL, 1976] zwei berühmte Formelpaare, die Fresnel auf
halbempirischem Wege gefunden hat. Das erste Formelpaar gibt jeweils für
parallel und senkrecht polarisiertes Licht das Verhältnis der einfallen-
den zur reflektierten Lichtamplitude für alle Einfallswinkel von 0° bis
90° auf durchsichtigen Stoffen an. Das zweite Formelpaar beschreibt entsprechend die Lichtamplituden für das gebrochene und durchgehende Licht.
Durch Quadrieren erhält man die photometrisch meßbaren Lichtintensitäten.

Für die Erkenntnis über das Wesen des Lichtes haben die Arbeiten über
die Beugung (Diffraktion) am meisten beigetragen. Die Newtonianer deute-
ten die Tatsache, daß Licht nur geringfügig in den Schattenraum eindringt, durch "Anwandlungen", die durch anziehende und abstoßende Kräfte
zustande kommen. Fresnel beobachtete mit seinem Lupenverfahren nicht nur,
daß Licht überhaupt in den Schattenraum eindringt, sondern daß es bei
Verwendung einer geeigneten Lichtquelle im Übergangsgebiet zwischen hell
und dunkel Interferenzstreifen zeigt, die mit der Lupe sichtbar sind. Für
ihn war diese Erscheinung zu Recht nur mit der Wellenhypothese zu deuten.
Das Huygenssche Prinzip reichte zur Deutung aber nicht aus, sondern Fresnel ergänzte es mit dem Interferenzprinzip von Th.Young. F.Arago, damali-
ger Direktor der Pariser Sternwarte und Förderer von Fresnel, schreibt:
"Allein diese schief gerichteten, diese sekundären Wellen interferieren
untereinander und zerstören sich vollständig, es bleiben nur die Wellen
in der Richtung des leuchtenden Punktes übrig, und so findet die geradli-
nige Fortpflanzung des Lichts ihre Erklärung in der Undulationstheorie"
[ARAGO, 1854j]. Nach diesem Prinzip fand Fresnel einen mathematischen An-
satz, der das Wellenfeld des Lichts richtig beschreibt. Eine besonders
einfache Lösung ergibt sich bei der "Fresnelschen Zonenkonstruktion" zur
Erklärung der geradlinigen Ausbreitung des Lichts, wenn man Lichtwellen
voraussetzt. Diese Konstruktion steht hier im Mittelpunkt des Interesses.

Als Ingenieur nutzte Fresnel seine optischen Kenntnisse immer wieder
für praktische Zwecke. Die Schiffahrt klagte über die schlechte Qualität
der Leuchttürme vor den französischen Hafeneinfahrten [ARAGO, 1854k]. Mit
Hilfe von Sammellinsen und Hohlspiegeln vermochte man zwar die Lichtstärke des Feuers in Seerichtung anzuheben, aber eine weitere Vergrößerung
der Apertur (Öffnung) der Optik war nicht mehr möglich, weil eine normale
Linse dann so dick geworden wäre, daß sie nicht mehr wirtschaftlich herstellbar gewesen wäre. Fresnel war der erste, der eine neuartige, flache

Linse, die sog. "Fresnellinse", 1820 erfolgreich baute und anwandte. Solche Zonenlinsen, nicht zu verwechseln mit der Zonenkonstruktion, die auf der optischen Beugung beruht, wurden damals in Stücken gegossen und zusammengekittet. Die fertige Glaslinse zeigt dann konzentrische Zonen, die jeweils wegen der gleichen Kantenschräge auch gleiche Brechkraft haben. Die äußeren Zonen brechen das Licht stark, zum Zentrum hin nimmt die Brechung ab. So brechen alle Zonen das Licht, das aus einem Gebiet kommt, das man heute "Brennpunkt" nennt und in dem die Lampe steht, in etwa gleiche Richtung. Eine Originalfresnellinse befindet sich im "Palais de la découverte" in Paris. Heute werden solche Fresnellinsen in viel feinerer Struktur auf Folien gepreßt und dienen beispielsweise als Kondensorlinsen in Overhead-Projektoren, bei denen das gleiche Problem wie bei den Leuchttürmen vorliegt.

8.3 Die Fresnelsche Zonenkonstruktion zur Begründung der geradlinigen Lichtausbreitung

8.3.1 Hypothese der Fresnelschen Zonen

Auf der Abb.8.1 möge Licht von Punkt P auf Punkt P' gelangen. Fresnel meinte, daß der ganze Raum zwischen beiden Punkten von Lichtwellen erfaßt sei. Er legte an eine beliebige Stelle, hier in die Mitte, eine Probeebene, an der die Verhältnisse studiert werden können. Das Licht kann jetzt auf verschiedenen Kegelmänteln von P zur Probeebene gelangen, dort wird es gebeugt und gelangt auf einem symmetrischen Kegelmantel zu P'. Alle Wege, die das Licht auf einem Kegelmantelpaar von P nach P' zurücklegt, sind nahezu gleich lang und variieren nur um eine halbe Wellenlänge. Der Durchstich jedes Kegels durch die Probeebene liegt natürlich auf Kreisringen, Zonen genannt. Die Breiten dieser Zonen sind so gewählt, daß jede nach außen benachbarte Zone den Lichtweg gerade *um eine halbe Wellenlänge* verlängert. Fresnel stellte sich vor, daß die Lichtamplituden aller Zonen im Punkt P' miteinander interferieren. Welche Gesamtamplitude entsteht dort, wenn man berücksichtigt, daß jede Zone zur Hälfte die nächst höhere, zur Hälfte die nächst niedere Zone auslöscht? Die Lösung ist einfach: Alle Zonen haben einen inneren und einen äußeren Nachbarn und löschen sich wegen der Gegenphasigkeit aus, nur die innerste Zone mit der Numerierung n=1 erfüllt die Regel nicht, sie hat *nur einen* Nachbarn, nämlich die Zone n=2. Also bleibt allein von der ersten Zone die halbe Amplitude übrig, die jetzt die Gesamtamplitude in P' liefert. Der flüchtige Beobachter erhält den Eindruck, das Licht fiele nur durch das Zentrum, es breite sich auf der optischen Achse von P nach P' aus.

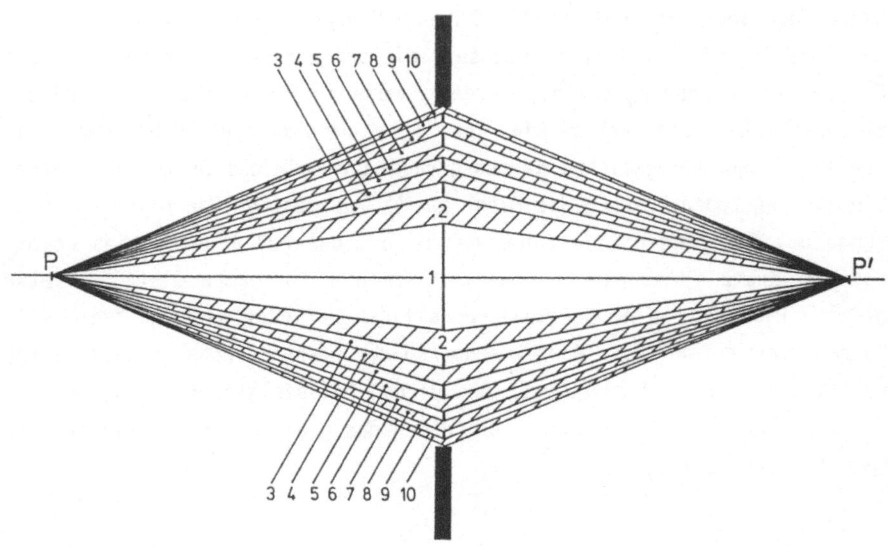

8.1 Zur Verdeutlichung der Fresnelschen Zonenkonstruktion; P=Wellenquelle, P'=Aufpunkt, an dem alle Wellen interferieren; in der Mitte zerschneidet eine Probeebene, die hier in 10 Zonen aufgeteilt ist, das Wellenfeld; jede um 1 höher numerierte Zone verlängert den Lichtweg um eine halbe Wellenlänge

8.3.2 Versuche zur Fresnelschen Zonenkonstruktion

Die im folgenden beschriebenen Versuche sollen zeigen, daß Fresnels Überlegungen allgemein für alle Wellenarten gelten. Die Herleitungen der Rechenformeln findet man in der Lehrbuchliteratur [POHL, 1969 und FRAUENFELDER/HUBER, 1967]. In letzterer steht auch der Vorschlag zur Verwendung von Mikrowellen, der hier befolgt wurde.

Wie man auf Abb.8.2 erkennen kann, besteht die Probeebene aus einem kreisrunden Blech, das in sieben Kreisringe, Zonen, zerschnitten ist. Wenn der Radius der innersten Zone r ist, ist der der zweiten $r\sqrt{2}$, der dritten $r\sqrt{3}$ usw. Links steht ein Mikrowellensender mit einer Wellenlänge von 3,2cm bei 10mW Leistung. Rechts registriert eine Dipoldiode die modulierten Signale (hier mit 2,5kHz) und richtet sie gleich. Über eine ausreichende Niederfrequenzverstärkung werden sie im Lautsprecher hörbar gemacht.

Versuchsvorschläge

a) Die Blende wird völlig entfernt. Ergebnis: Das Signal ist leise hörbar.

b) Das vollständige Ringsystem wird in der Mitte aufgesetzt. Ergebnis: Das Signal verschwindet.

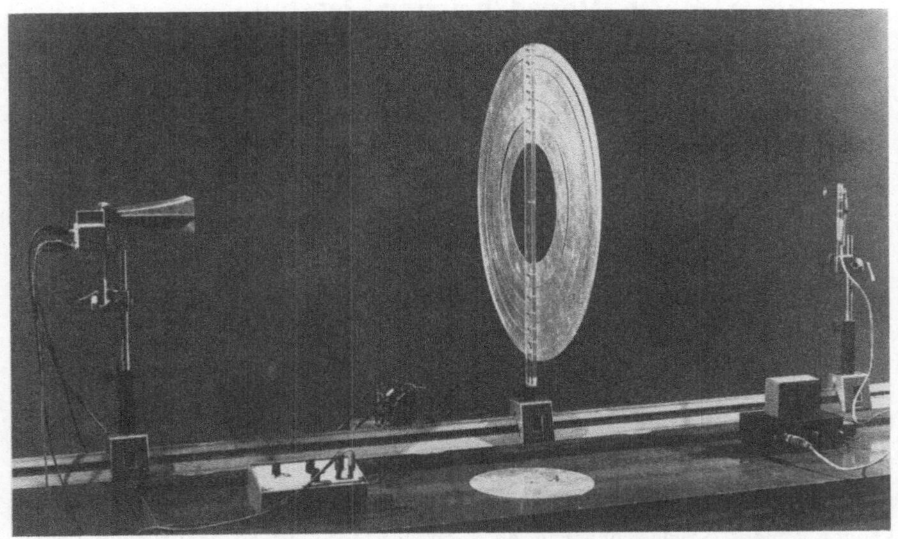

8.2 Anordnung zur Überprüfung der Fresnelschen Zonenkonstruktion mit sieben, abnehmbaren Blechblenden, deren Größe den Zonen entsprechen; (links) Mikrowellensender, (rechts) Dipoldiode; die Abstände sind für die Größe des Ringsystems berechnet

c) Die innerste Zone (Kreisscheibe) wird entfernt. Ergebnis: Der Ton ist lauter als ohne jegliche Blende wie im Falle a).

d) Die zweite Zone wird zusätzlich entfernt. Ergebnis: Das Signal verschwindet. Zone 1 und 2 interferieren destruktiv vollständig.

e) Die dritte Zone wird zusätzlich entfernt. Ergebnis: Das Signal ist in der Lautstärke wie im Falle c) hörbar.

f) Die vierte Zone wird zusätzlich entfernt. Ergebnis: Das Signal verschwindet wieder, weil gerade Zahlen von Zonen stets vollständig interferieren (wie im Falle d).

g) Verallgemeinertes Ergebnis: Bei jeder ungeraden Zahl von benachbarten Zonen ist das Signal hörbar, bei jeder geradzahligen verschwindet es.

h) Zur Bestätigung lassen sich mit dem Ringsystem beliebig numerierte Zonen kombinieren, z.B. die zweite mit der sechsten Zone addiert ihren Anteil, die erste mit der sechsten subtrahiert ihn.

9. Hans Christian Oersted und der elektromagnetische Grundversuch

9.1 Biographisches

Oersted wurde am 14.8.1777 in Rudkoebing auf der Insel Langeland (Dänemark) als Sohn eines Apothekers geboren. Seinen ersten, noch unregelmäßigen Unterricht erhielt er von seinen Eltern. Zusammen mit seinem jüngeren Bruder Anders Sandoe brachte er sich zum Teil im Selbststudium Grundkenntnisse bei. Deutsch und Rechnen lernten sie bei einem Perückenmacher, Französisch beim Bürgermeister des Städtchens und Latein bei einem fortgeschrittenen Studenten. Auch der Pfarrer und ein älterer Junge mußten beim Rechenunterricht helfen, aber in Arithmetik versagten sie. So verlegten sich die Brüder aufs Studium eines alten Lehrbuches. Mit zwölf Jahren wurde Hans Christian Gehilfe bei seinem Vater in der Apotheke und erhielt dort seine erste Einführung in die Chemie. 1793 reisten beide Brüder nach Kopenhagen und legten das Zulassungsexamen für ein Studium an der Universität ab. Als intelligente und fleißige Studenten bewältigten sie alle Zwischenprüfungen mit Glanz. 1797 bestand Hans Christian sein pharmazeutisches Examen und konnte 1799 in Philosophie promovieren. Kurzzeitig vertrat er den Besitzer der "Löwen-Apotheke" und übernahm auch dessen Lehrveranstaltungen an der Universität in Kopenhagen [MOELLER, 1977a].

Neben seinem Studium begeisterte sich Oersted auch für sprachlich-ästhetische Probleme, ein Interesse, das er sein Leben lang beibehielt. Gerade wegen dieses philologischen Könnens wurde er zum Förderer der dänischen wissenschaftlichen Sprache. Auch seine späteren Vorlesungen sollen in vorbildlichem Dänisch gehalten worden sein [GUDMANDSEN, 1977].

Im Jahr 1800 wurde Oersted zum Hilfsdozenten für Physik an der Kopenhagener Universität ernannt. Das Fach hatte aber damals in Dänemark keine sonderliche Bedeutung. Oersted erfuhr von den Versuchen Voltas (siehe Kap.6), die in dem Jahr bekannt wurden, und ließ eine Voltasäule aus 60 Zink- und Graphitplatten nachbauen [SCHMIDT, 1977a], um Versuche zum Galvanismus durchführen zu können. Er beantragte einen Urlaub für wissenschaftliche Reisen und erhielt 1801 das "Kappelsche Stipendium" für einen

Studienaufenthalt in verschiedenen europäischen Ländern. Auf seiner Reise traf er zunächst J.W.Ritter in Weimar, freundete sich an und hielt bis zu dessen frühen Tod (1810) mit ihm Verbindung. In Oersteds Reisetagebüchern findet man die komplizierte Persönlichkeit Ritters gewürdigt [SCHMIDT, 1977b]. Oersted setzte sich dort auch mit den Ideen des Philosophen Schelling auseinander. Während seines Berlinaufenthaltes besuchte er die Vorlesungen des Philosophen Fichte [SCHMIDT, 1977c]. In Paris, seinem nächsten Aufenthaltsort, fand er Prof. J.Charles, der Wasserstoffballonaufstiege unternommen hatte, am beeindruckendsten, vor allem seine ausgezeichneten Vorlesungen. Paris galt zu dieser Zeit als das Zentrum der Naturwissenschaften, und die französischen Wissenschaftler waren von sich sehr überzeugt. Oersted ärgerte sich darüber, daß die Franzosen Ideen, die außerhalb Frankreichs entstanden waren, keinerlei Bedeutung zumaßen. Trotz seiner Kritik blieb er über 15 Monate in Paris und reiste erst Anfang 1804 ab. Nach seiner Rückkehr wurde er 1806 in Kopenhagen zum a.o. Professor für Physik ernannt. Es begann für ihn eine lebenslange und fruchtbare Vorlesungstätigkeit.

1812/13 unternahm er eine zweite Reise nach Deutschland und Frankreich. Seine Eindrücke von den beiden Ländern vertauschten sich. Deutschland beeindruckte ihn jetzt weniger, wenn man von einigen neuen Freundschaften absieht, die er z.B. mit J.S.C.Schweigger, dem Herausgeber von "Schweiggers Journal...", und Th.J. Seebeck (siehe Kap.11) schloß, dem späteren Entdecker des thermoelektrischen Effektes. In Paris fand er vor allem das Schulwesen vorbildlich, weil in den Schulen bereits chemisch experimentiert werden konnte [SCHMIDT, 1977d].

Wieder in Dänemark heiratete Oersted 1814 und wurde im Lauf der Jahre Vater von vier Töchtern und drei Söhnen. 1817 endlich [MOELLER, 1977b] wurde seine Stelle in ein Ordinariat umgewandelt. 1819 führte er an der Universität ein Übungslaboratorium für Studenten der Chemie ein. Nebenbei setzte er seine galvanischen Studien fort, die zum Höhepunkt seines Wirkens, zur Entdeckung des Elektromagnetismus 1820 führten. Oersted wurde schnell berühmt und erhielt noch im gleichen Jahr die Copley-Medaille der Royal Society. In den folgenden Jahren wurde er daraufhin in viele andere ausländische Akademien aufgenommen. Seine dritte Reise entwickelte sich 1822-23 zum Triumphzug. In Berlin traf er Seebeck wieder und diskutierte mit ihm über die Entdeckung der Thermoelektrizität und die dabei benutzten Geräte. Im Januar 1823 traf er in Paris ein. Dort wurde er von der gesamten französischen Wissenschaftselite empfangen, bei dieser Gelegenheit traf er F.Arago, J.L.Gay-Lussac, A.M.Ampère, A.J.Fresnel, P.L.Dulong u.a.

Anschließend segelte Oersted nach England und wurde in die Royal Society aufgenommen. Als Oersted M.Faraday begegnete, der damals noch Gehilfe von H.Davy, dem Präsidenten der Royal Society, war, maß er ihm nicht besondere Bedeutung bei, obwohl er sich in der wissenschaftlichen Welt durch seine elektromagnetischen Rotationsapparate bereits bekannt gemacht hatte.

In Dänemark stellte Oersted nun die größte wissenschaftliche Autorität dar, die auf das öffentliche Leben, im speziellen auf die Volksbildung, günstigen Einfluß nahm. Dreimal mußte er an der Universität das Rektoramt übernehmen. 1824 gründete er eine Gesellschaft zur Verbreitung der Naturlehre und regte 1829 die Polytechnische Lehranstalt in Kopenhagen an, deren erster Direktor er wurde und wo er selbst Physikunterricht erteilte. Die Schule war die Keimzelle der heutigen dänischen Technischen Hochschule.

Oersted erlebte 1843 wieder einen wissenschaftlichen Triumph in Deutschland. Bei einer festlichen Veranstaltung in Berlin hielt der Mineraloge Ch.S.Weiß die Rede zu seinen Ehren. Weiß betonte besonders die Verdienste Oersteds, wobei er die Faradays ein wenig in den Hintergrund drängte, weil er sie offenbar nur ungenügend kannte.

Noch einmal reiste Oersted 1846 anläßlich der Versammlung der britischen Naturforscher nach England (Southampton) und besuchte Faraday. In London zeigte Faraday ihm seinen großen Magneten und führte diamagnetische Versuche vor. Oersted baute in Kopenhagen einen solchen Magneten nach und wiederholte dessen Versuche [SCHMIDT, 1977e]. 1851 starb Oersted im 74. Lebensjahr, noch bevor er den "Fasanenhof" im Frederiksberger Schloßgarten, eine ihm kostenlos überlassene Ehrenwohnung Dänemarks, beziehen konnte [MOELLER, 1977b]. Die dänische Kulturgeschichte bezeichnet das 19. Jahrhundert, das von Oersted, dem Philosophen S.Kierkegaard und anderen, namhaften Künstlern und Schriftstellern geprägt wurde, als ihre bedeutendste Periode.

9.2 Wissenschaftliche Arbeiten

Oersteds Dissertationsthema "Die Architektonik der Naturmetaphysik" stand unter Kants Einfluß. Als aber Professor H.Steffens von einer Deutschlandreise nach Kopenhagen zurückkehrte und brillante Vorlesungen über romantische Naturphilosophie und Poesie hielt, begann sich seine Einstellung zu erweitern. Oersted glaubte mit den romantischen Naturphilosophen an die Einheit der Naturkräfte und an das Dualitätsprinzip, etwa beim

Widerspiel von Magnetismus und Elektrizität. Viele Jahre suchte er vergeblich nach diesem "Widerspiel".

Im Jahre 1820 hatte er endlich Erfolg. Das entscheidende Experiment
soll ihm im April während einer Vorlesung gelungen sein. In wenigen Wochen führte er die Versuche systematisch weiter und verschickte am
21.Juli 1820 einen vierseitigen Rundbrief unter dem Titel "Experimenta
circa effectum conflictus electrici in acum magneticam" (Experimente über
die Wirkung des elektrischen Konflikts auf eine Magnetnadel) [OERSTED,
1820]. Diesen Brief sandte er Freunden, bekannten Wissenschaftlern und
gelehrten Gesellschaften in Europa zu. Sein lateinischer Text wurde von
Gilbert sogleich für "Gilberts Annalen" [GILBERT, 1820] ins Deutsche
übersetzt. Oersted selbst besorgte die englische Übersetzung für
"Thomson's Annals" [THOMSON, 1820]. Der Verfasser hat den Rundbrief Oersteds ausführlich untersucht [ACHILLES, 1985] und fand alle Beobachtungen
korrekt. Nur als Oersted die magnetische Wirkung auf das Eisen zu deuten
suchte, war er überfordert und machte gewagte romantisch-naturphilosophi-
sche Hypothesen.

In Paris löste die Nachricht Aragos über das Gelingen der Versuche -
dieser hatte in Genf davon erfahren - wissenschaftliche Hektik aus.
A.M.Ampère (siehe Kap.10) gelang in kürzester Zeit die erste, wegweisende
Mathematisierung des Elektromagnetismus, an der sich auch Laplace beteiligte. Die richtigen Ansätze Oersteds auf eine Nahewirkungstheorie hin
wurden von den Franzosen aber nicht weiter entwickelt, sondern Zentral-
kraftvorstellungen im Sinne Newtons bevorzugt, welche die Wirbeleigen-
schaften des magnetischen Feldes nicht berücksichtigten.

9.3 Versuche zum elektromagnetischen Grundversuch

9.3.1 Der Grundversuch

"Aus diesen Versuchen schien zu erhellen, daß die Magnetnadel sich mittels des galvanischen Apparates aus ihrer Lage bringen lasse, und zwar
bei geschlossenem Kreis, und nicht bei offenem.." [GILBERT, 1820a]
Mit Hilfe eines geeigneten Netzgerätes, das einen Strom von etwa 5 A zuläßt und kurzschlußsicher ist, wird eine große, bewegliche Drahtschlinge
mit Strom versorgt. Eine normale Magnetnadel mit Fuß steht auf einem
Tisch, der möglichst wenig Stahl enthalten soll, und zeigt in Richtung
des magnetischen Meridians. Der stromdurchflossene Draht wird wahlweise
über oder unter die Nadel in gleicher Richtung mit der Hand gehalten und
die Ablenkung der Nadel beobachtet (Abb.9.1).

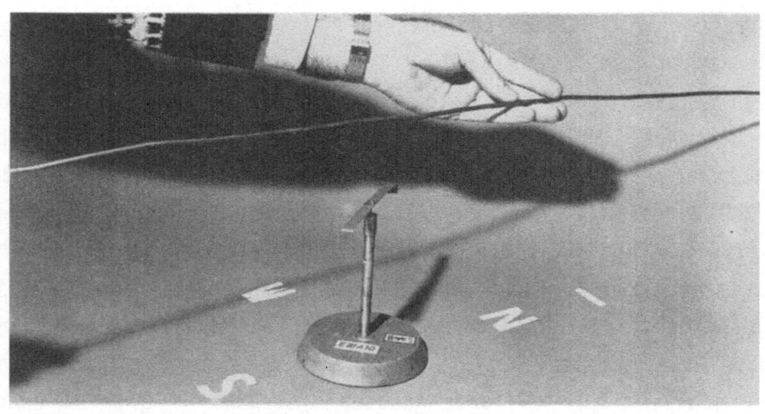

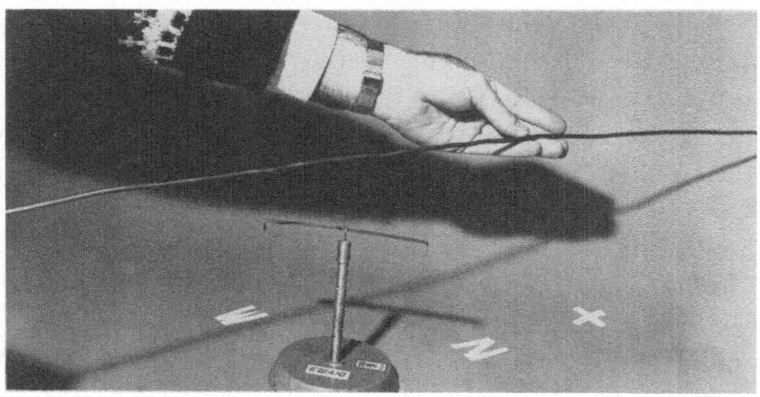

9.1 (oben) So hat Oersted den stromführenden Draht gehalten; der Draht hat die Richtung des magnetischen Meridians; (unten) die Stromrichtung wurde umgekehrt, der Ausschlag der Nadel kehrt sich um

"...die Wirkung aber, welche in diesem verbindenden Leiter und um denselben her vor sich geht, (will ich) mit dem Namen elektrischer Conflict bezeichnen." [GILBERT, 1820b]
Ersetzt man die Definition "elektrischer Conflikt" durch "magnetisches Feld", enthält der Satz eine (später so genannte) Nahewirkungstheorie. Auch andere Stellen des Rundbriefes bestätigen die Vermutung. Der Grund, weshalb der Effekt erst nach zwanzigjährigem Suchen gefunden wurde, könnte darin liegen, daß die Ströme einer Voltasäule zu schwach waren, so daß der Effekt übersehen wurde. Erst Tröge aus Kupferblech, die Oersted verwandte und in die ein Zinkblech als Minuspol eingehängt werden konnte, ließen größere Ströme zu.

9.3.2 Kräfte oder Drehmomente?

"Es läßt sich folglich diese Wirkung keineswegs einer Anziehung zuschreiben; denn derselbe Pol der Magnetnadel, der sich nach dem verbindenden

Drahte zu dreht, wenn er östlich von der Nadel ist, dreht sich westlich
von demselben abwärts, wenn er sich westlich von derselben befindet..."
[GILBERT, 1820c]. Mit der Anordnung des Grundversuches verschiebe man den
stromdurchflossenen Draht östlich und westlich, nicht mehr nach oben und
nach unten wie in Versuch 9.3.1. Der Ausschlag der Nadel ändert sich
kaum, es kommt nur eine kleine senkrechte Komponente hinzu. Der Draht übt
also auf einen Pol der Nadel keine Zentralkraft im Newtonschen Sinne aus,
sondern auf die Nadel, also auf einen magnetischen Dipol, wirkt ein Dreh-
moment.

9.3.3 Durchdringt das magnetische Feld Materie?

"Der verbindende Draht wirkt auf die Magnetnadel durch Glas, durch Metalle, durch Holz, durch Wasser, durch Harz, durch töpferne Gefäße und durch
Steine hindurch....Alle nicht magnetischen Körper scheinen für den elektrischen Conflict durchgänglich zu seyn, die magnetischen Körper dagegen...dem Hindurchgehen dieses Conflictes zu widerstehen..."[GILBERT,
1820c].

Die Überprüfung der Oerstedschen Feststellung bezüglich der nicht
magnetischen Stoffe ist einfach und kann noch durch andere, nicht weiter
genannte Stoffe erweitert werden. Komplizierter ist der Einfluß des Ei-
sens. Tatsächlich schwächt ein zwischen Draht und Nadel eingeführtes
Stück Eisenblech (hier wurde Dynamoblech verwendet) den Ausschlag der Nadel. Oberflächlich gedacht könnte man meinen, das Blech "schirme das Feld
(teilweise) ab". Das ist so nicht. Schiebt man den stromdurchflossenen
Draht durch ein eisernes Rohr und führt den Grundversuch erneut aus,
stellt man mit Überraschung fest, daß der Ausschlag der Nadel ebenso groß
ist wie ohne Eisenrohr. Der Ausdruck "Abschirmung" ist irreführend. Sie
geschieht nicht in der Art eines Regenschirmes, sondern dadurch, daß Eisen im Feld durch magnetische Influenz selbst zum Magneten wird, zwei Pole entwickelt und ein Gegenfeld entstehen läßt, welches das ursprüngliche
schwächt (oder die Magnetnadel entmagnetisiert). Da ein geschlossener
magnetischer Kreis im Eisenrohr aber keine freien Pole entwickelt, kann
das Eisenrohr auch nicht "abschirmen" (Abb.9.2).

Ausführliches zum Problem der Entmagnetisierung findet man im Lehrbuch
"Elektrizitätslehre" [POHL, 1975]. Selbstverständlich ist auch die Wirkung der Induktion nicht durch eiserne Panzer "abzuschirmen" [LAMBECK,
1984]. Der letztgenannte Versuch, der die Wirkungslosigkeit einer eiser-
nen Ummantelung eines Drahtes zeigt, ist leider von Oersted versäumt worden. Der Verfasser hat ihn herangezogen, um dem Oerstedversuch das ver-
meintlich Triviale zu nehmen.

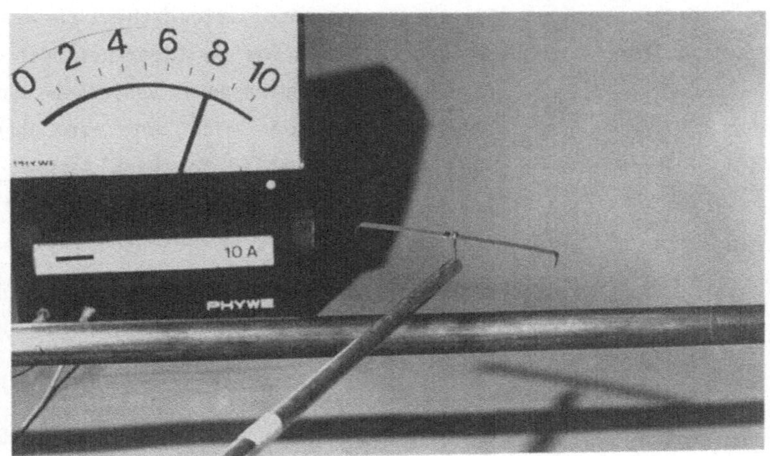

9.2 Ein eisernes Rohr vermag das magnetische Feld nicht "abzuschirmen",
die Wirkung auf die Nadel ist ebenso groß wie ohne Rohr

10. André Marie Ampère und die Stromwaage

10.1 Biographisches

André Marie Ampère wurde am 20.1.1775 als Sohn eines gebildeten Seiden-
händlers in Lyon geboren. Bald nach der Geburt des Sohnes zog sich der
Vater als Rentier auf sein Landgut zurück, wo er gelegentlich noch ein
Amt in der Finanzverwaltung versah. Der Vater hing dem Erziehungsgedanken
J.J.Rousseaus an und unterrichtete und erzog seinen Sohn unter Gewährung
aller Freiheiten selbst. Der wißbegierige Knabe verschlang die mehr als
dreißig Bände umfassende Enzyklopädie von Diderot und d'Alembert, die den
Geist der Aufklärung widerspiegelte. Er las sie der Einfachheit halber in
alphabetischer Reihenfolge der Stichwörter durch. Die unwahrscheinliche
Merkfähigkeit des Kindes und späteren Mannes erlaubte dieses heute didak-
tisch ungebräuchliche Verfahren. Auch der Grundstock seines Wissens in
Mathematik stammte aus der Enzyklopädie. Als sich Ampère aus einer
Bibliothek Bücher der Mathematiker Joh.Bernoulli und L.Euler entleihen
wollte, stellte er voller Enttäuschung fest, daß diese lateinisch geschrieben waren. In wenigen Wochen eignete er sich die für das Studium
der Bücher notwendigen lateinischen Sprachkenntnisse an. Ampère hat niemals eine Schule besucht, studiert und ein Examen abgelegt, er war völliger Autodidakt.

Sein Vater hatte sich während der Revolution zur Übernahme des Amtes
eines Friedensrichters überreden lassen. Da er in dieser Funktion den
Haftbefehl für einen Jakobiner unterschrieben hatte, wurde der Unglückli-
che 1793 verurteilt und hingerichtet. Ampère hatte eine starke Bindung an
seinen Vater, deshalb verfiel der 18jährige in tiefe Depressionen, die
über ein Jahr anhielten. Da das Vermögen des Vaters beschlagnahmt worden
war, war Ampère plötzlich mittellos geworden. Eine Heirat wurde ihm zunächst von den künftigen Schwiegereltern verwehrt, da sie auf regelmäßige
Einkünfte ihres Schwiegersohnes drangen. So nahm er, ohne rechte Freude,
in der Provinz mehrere Schulprofessorenstellen an (1799). Sein späteres
Eheglück währte aber nur kurz, weil die junge Frau 1803 bald nach der Geburt eines Sohnes starb. Verzweifelt kehrte er in seine Geburtsstadt Lyon

zurück; aber schon 1804 wechselte er nach Paris, wo man auf seine mathematischen Arbeiten bereits aufmerksam geworden war und ihm eine Stelle als Repetitor für Analysis an der "École Polytechnique" übertrug. Ampère heiratete 1806 ein zweites Mal, wurde aber enttäuscht und ließ sich scheiden. Nun hatte er für den Sohn aus erster und die Tochter aus zweiter Ehe zu sorgen, deren leibliche Mutter sich um das Kind nicht kümmerte. Ampères Schwester stand ihm zur Seite und führte seinen Haushalt.

1808 wurde er Generalinspekteur der Universität. Dieses Amt hat Ampère offenbar überfordert und zermürbt: Er mußte durch ganz Frankreich reisen, Prüfungen abnehmen, Schulen inspizieren und sogar die Finanzverhältnisse der Anstalten überprüfen, wozu er, selbst unfähig, die eigenen wirtschaftlichen Verhältnisse in Ordnung zu halten, nicht recht in der Lage war [ARAGO, 1854a]. 1814 folgte seine Wahl zum Mitglied der mathematischen Klasse des "Institute de France", das nach der Revolution an die Stelle der Akademie getreten war, und, nach seinen großen Erfolgen, wurde Ampère 1826 als Professor der Physik an das Collège de France berufen.

Ampère beschäftigte sich nur wenige Jahre mit dem neuen Zweig der Elektrizität und überließ weitere Fortschritte anderen. An der Entdeckung der Induktion ging Ampère vorbei, als er erfolglos die Existenz der "Ampèreschen Molekularströme" nachzuweisen suchte [TEICHMANN, 1986].

Starke botanische, chemische, philosophische und theologische Neigungen überdeckten bald Ampères Interesse für Mathematik und Physik. Auch nahm ihm seine Inspektorentätigkeit jegliche Muße. Es existieren über ihn mancherlei Anekdoten über seine Zerstreutheit und seine Weltferne, die vor allem seine Schüler verbreiteten.

Ampère verwünschte lebenslang seinen Entschluß, nach Paris gegangen zu sein, da er sich in Lyon viel wohler gefühlt hatte. Als er erkrankte, hoffte er deshalb, im Süden Heilung zu finden, starb aber auf dieser Erholungsreise am 10.6.1836 in Marseille [KAISER, 1976].

10.2 Wissenschaftliche Arbeiten zum Elektromagnetismus

Die Kunde von Oersteds sensationeller Entdeckung des Elektromagnetismus brachte im September 1820 F.Arago aus Genf mit, der den Versuchen beigewohnt hatte, die A.de la Rive nach Angaben des Oerstedschen Rundbriefes durchführte. Auf der Akademiesitzung am 11.9.1820 wiederholte Arago sie in Paris [ARAGO, 1854b]. Ampère sah sie dort, war fasziniert und begann selbst zu experimentieren, obwohl er wenig manuelles Geschick gehabt haben soll, weil ihn eine Armverletzung aus seiner Kindheit behinderte. Schon eine Woche später [ARAGO, 1854b] führte er mit seiner Stromwaage

die Versuche vor, die die Wechselwirkung zweier stromdurchflossener Leiter zeigten. Er nannte die Wirkung "elektrodynamisch" im Gegensatz zu
"elektrostatisch". Ampère konstruierte zu diesem Zweck eine höchst empfindliche "Stromwaage" (Abb.10.1). Das ist ein U-förmiger Drahtbügel, der
mit seinen umgebogenen Enden in Quecksilbernäpfchen hängt und sich wie
ein Pendel bewegen kann. Die Quecksilberkontakte ermöglichen eine sichere
Stromzuführung bei geringer mechanischer Reibung. Dieses Pendel spricht
aber wegen seines Gewichtes und der kleinen auftretenden Kräfte nur an,
wenn ein Gegengewicht den mechanischen Schwerpunkt des Systems dicht unter die Auflageachse anhebt. Auf der Originalskizze von Ampère (Abb.10.1)
kann man das Gegengewicht erkennen [GERLAND, 1899].

Ampère hielt die Interpretation von Oersted, daß der "magnetische Konflikt in Kreisen fortgehe" (siehe Kap.9), für einen Rückschritt und ver-
glich sie mit den überholten Wirbelvorstellungen Descartes' (1596-1650).
Deshalb zog er die Deutung und quantitative Erfassung mit Hilfe eines
Elementargesetzes nach Newtonscher Art vor [ARAGO, 1854c]. Mit seinen Ex-
perimenten demonstrierte er die vollständige Reziprozität der Wirkungen
von Magneten und elektrischen Strömen. Er wies Kritikern nach, daß die
Kraftwirkung zwischen zwei stromdurchflossenen Leitern von permanenten
Magneten unabhängig und nicht aus den Oerstedschen Versuchen herleitbar
sei. Ampère verwarf die damals übliche Methode, auftretende magnetische
Kräfte anhand der Beobachtung von Schwingungen zu vergleichen, weil die
Stromzuführungen bei großen Strömen eine zu starke Dämpfung verursacht
und das Verfahren problematisch gemacht hätten [ARAGO, 1854d].

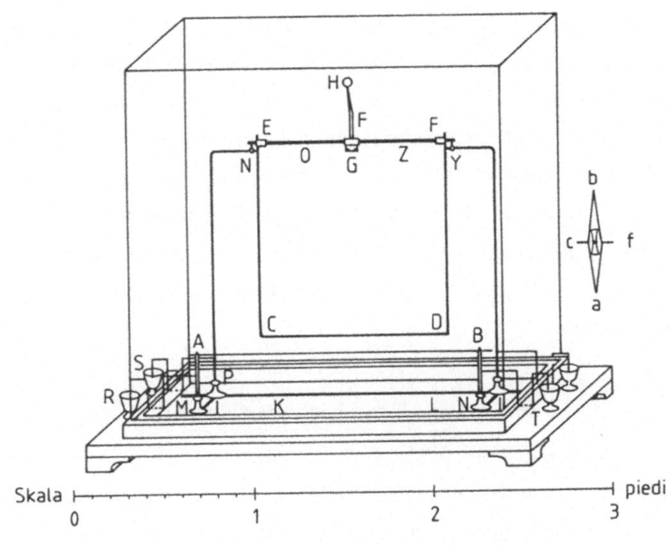

10.1 Originalskizze von Ampère zur Stromwaage

Ein elektrisches und magnetisches Maßsystem war zu Ampères Zeiten noch nicht entwickelt, man begnügte sich mit Vergleichen. Aus diesem Grunde benutzte er bei der Interpretation der Effekte die sogenannten vier Gleichgewichtsfälle der Stromwaage, von denen drei im folgenden Kapitel nachexperimentiert und erläutert werden. Treffender müßte man das Wort "Gleichgewichtsfall" durch "Fall gleicher Kräfte" ersetzen. Ampère entnahm aus den Gleichgewichtsfällen das Ampèresche Gesetz: Er zerlegte nämlich gedanklich die auftretenden, stromdurchflossenen Leiter in differentielle Stromelemente *Ids*, berücksichtigte die Winkel jedes einzelnen Elementes zu jedem gegenüberliegenden Element und unterstellte dann ein quadratisches Abstandsgesetz für jedes Kräfteelement im Sinne Newtons. Das Newtonsche Gravitationsgesetz (1687) und das Coulombsche Gesetz der Elektrostatik (1785) waren ebenfalls Gesetze, die auf Fernwirkung und Zentralkraftvorstellung beruhten. Im Gegensatz zu diesen beiden Vorbildern sind hier allerdings noch zwei Integrationen über alle Vektorelemente notwendig. Das ist hier wegen der Winkelfunktionen viel komplizierter, als bei den genannten beiden Vorbildern.

10.3 Versuche mit der Ampèreschen Stromwaage

10.3.1 Nachbau der Stromwaage

Nach dem Vorbild der Abb.10.1 wurde in der Werkstatt eine Stromwaage in ihren wesentlichen Bestandteilen nachgebaut. Das Stromwaagenpendel hat zwei Spitzen, die in je ein Stahlpfännchen tauchen, in denen ein Tropfen Quecksilber für guten elektrischen Kontakt sorgt. So ist das Pendel leicht nach oben abnehmbar, was das mechanische Richten erleichtert. Die Gegengewichte bestehen hier aus zwei Messingmuttern (wegen der Kontermöglichkeit), die auf einem Feingewindestab verstellbar sind. Der Schwerpunkt des Systems kann mittels der Muttern bis zum Umkippen des Pendels angehoben werden. Eine kleine seitwärtige Schraube ermöglicht die Verschiebung des Schwerpunktes in waagrechter Richtung, was erforderlich wird, wenn sich das Pendel, aus der stabilen Lage kommend, der indifferenten Lage nähert.

10.3.2 Der „Erste Gleichgewichtsfall"

Ein hin- und rückgeführter Draht hat auf das Pendel der Stromwaage keine Wirkung. Ampère folgerte aus dieser Beobachtung, daß anziehende und abstoßende Kräfte des gleichen elektrischen Stromes gleich groß sind [ARAGO, 1854e].

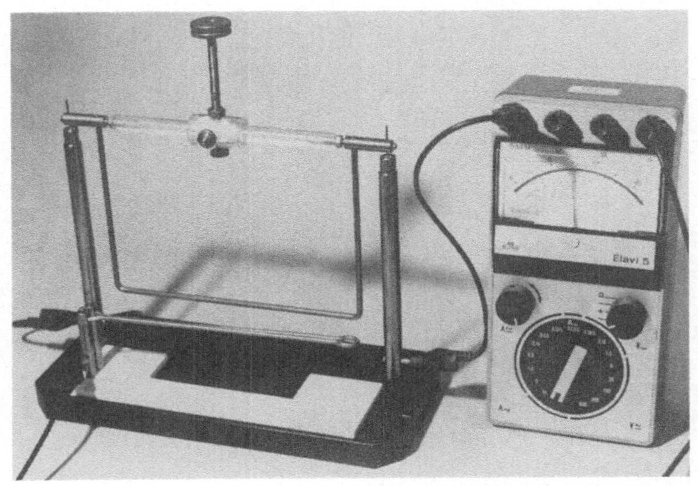

10.2 "Erster Gleichgewichtsfall" Ampères: Anziehung und Abstoßung gleicher Ströme sind gleich

Einen in geringem räumlichen Abstand hin- und rückgeführten elektrischen Strom nennt man heute "bifilar" geführt. Er übt nach heutigem Bild
deshalb keine Kräfte aus, weil sich beide entstehenden magnetischen Felder aufheben. Auf Abb.10.2 erkennt man, daß auch bei 30A keine ablenken-
den Kräfte zu bemerken sind. Bei der Durchführung des Versuches sollte
man darauf achten, daß die Zuleitungsdrähte weiträumig um das Pendel her-
umgeführt werden, weil deren Felder natürlich mitwirken und Kräfte vor-
täuschen.

10.3.3 Der „Zweite Gleichgewichtsfall"

Das Pendel der Stromwaage befindet sich zwischen einem geraden und einem
beliebig gebogenen Leiter. Arago schreibt "Ein gerader Schließungsdraht
und ein solcher, der in Spiralen verläuft, äußern also, wenn sie gemein-
schaftliche Endpunkte haben, genau gleiche Wirkungen, wenn schon ihre
Längen sehr verschieden sein können" [ARAGO, 1854e]. Dieses Experiment,
das man im Nachbau auf Abb. 10.3 erkennen kann, ist erstaunlich. Weil nur
die Komponente des Drahtes, die zum Pendel parallel ist, eine Kraft auf
diese ausübt, darf der geschlungene Draht viel länger als der Pendeldraht
sein. Unterschiedliche Abstände der Drahtelemente zum Pendel mitteln sich
in ihrer Wirkung. Für einen "langen, gestreckten Draht", das ist hier in
Näherung beim Pendel der Fall, ergibt sich nach der Integration aus dem
Elementargesetz mit dem reziproken Abstandsquadrat ein Gesetz mit dem reziproken linearen Abstand, das unterschiedliche Abstände eine geringere
Rolle spielen läßt.

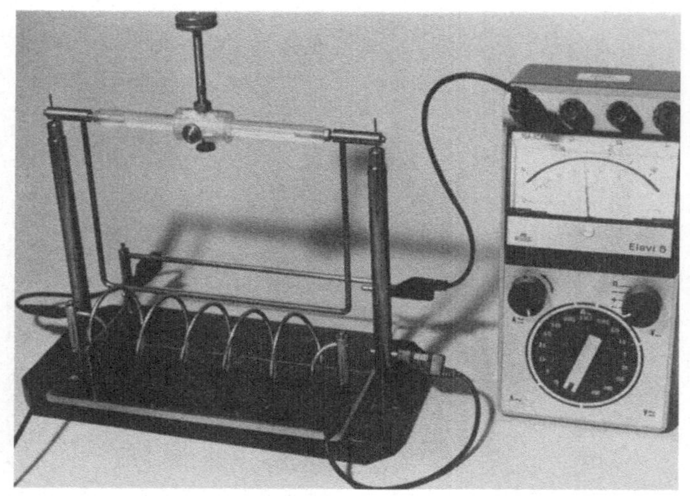

10.3 "Zweiter Gleichgewichtsfall" Ampères: Der hintere und der vordere
Draht haben gleiche Wirkung

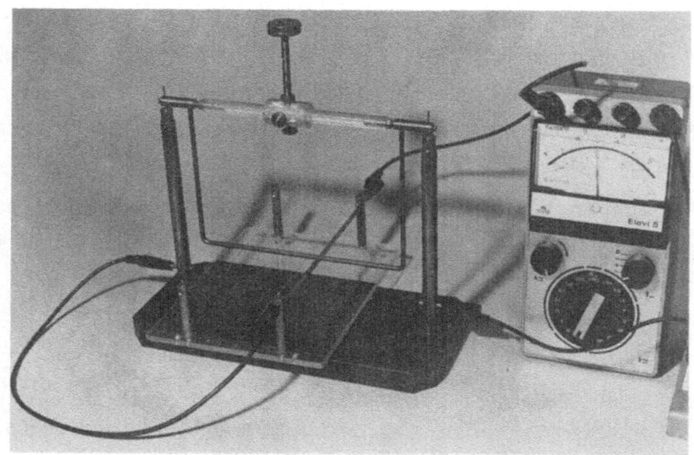

10.4 "Dritter Gleichgewichtsfall" Ampères: In Richtung eines Drahtes erfolgt keine Kraftwirkung

10.3.4 Der „Dritte Gleichgewichtsfall"

Arago: "Ein geschlossener Strom ist nicht in der Lage, einen anderen kreisförmigen Schließungsdraht in Richtung des Drahtes, also um den Mittelpunkt der Ebene des Schließungsdrahtes, in Bewegung zu versetzen" [ARAGO, 1854f]. Arago meint damit, daß senkrecht aufeinanderstehende Drähte keine Kräfte aufeinander ausüben. Die Abb.10.4 zeigt, daß trotz eines Stromes von 30A kein Ausschlag des Pendels erkennbar ist.

Übrigens können alle Meßgeräte, ähnlich der Stromwaage, die auf elektrodynamischer Wirkung beruhen (sog. Dynamometer), auch für Wechselstrommessungen benutzt werden. Beim Betrieb der Stromwaage wird die Stromversorgung dann bequemer, weil man einem handelsüblichen Experimentiertransformator mit 100W Leistung einige Sekunden lang im Kurzschlußbetrieb Wechselströme über 30A entnehmen kann, ohne daß er Schaden nimmt.

11. Thomas Johann Seebeck
und der thermoelektrische Effekt

11.1 Biographisches

Th.J.Seebeck wurde am 9.4.1770 als Sohn einer wohlhabenden Kaufmannsfamilie in Reval, dem heutigen Tallinn (Estland), geboren. Mit siebzehn Jahren verließ er seine Heimat und ging nach Berlin, um Arzt zu werden. Er wechselte aber bald nach Göttingen, wo er bei J.F.Blumenbach Anthropologie und bei G.C.Lichtenberg Physik studierte und 1802 promovierte. Er hatte es finanziell nicht nötig, sich nach dem Examen eine Stelle zu suchen, deshalb konnte er sich voll den Wissenschaften widmen. Von 1802 bis 1810 hielt er sich in Jena auf und hatte Berührung mit den dortigen romantischen Naturphilosophen und Physikern (F.W.J.v.Schelling, G.W.Hegel, J.W.Ritter, L. Oken). Auch mit J.W.v.Goethe pflegte er sowohl private als auch wissenschaftliche Kontakte. In Goethes Farbenlehre II (1810) hat Seebeck einen Beitrag über sonderbare Farberscheinungen in feuchtem Silberchlorid geschrieben, das nämlich annähernd die Farbe annimmt, mit der es beleuchtet worden ist. Man kann darin eine Art Vorstufe zur Farbphotographie sehen [WIEDERKEHR, 1986]. Auch beriet er Goethe in anderen physikalischen Fragen. Seebeck war beim großherzoglichen Hof in Weimar ein beliebter Referent, der wiederholt gebeten wurde, Experimente zur Elektrizität der Hofgesellschaft vorzuführen. Von 1810 bis 1812 hielt er sich in Bayreuth auf und traf dort u.a. Jean Paul. 1812 wechselte er nach Nürnberg, wo die meisten seiner Arbeiten zur Optik entstanden. 1813 behandelte er die "entoptischen Figuren". Damit meinte er die farbigen Figuren, die bei schnell abgekühlten Glastropfen im polarisierten Licht entstehen. 1812 wurde er zum korrespondierenden Mitglied der Berliner Akademie ernannt. 1815 bis 1817 arbeitete er in Nürnberg erfolgreich über Erscheinungen des polarisierten Lichtes bei Kristallen und Flüssigkeiten. 1816 erhielt er wegen dieser Arbeiten den halben Preis der französischen Akademie, während die andere Hälfte D.Brewster zuerkannt wurde. Nach allgemeiner Anerkennung seiner wissenschaftlichen Leistungen wurde Seebeck endlich 1818 ordentliches Mitglied der Berliner Akademie, womit auch ein Gehalt verbunden war, was ihn veranlaßte, seinen Wohnsitz nach Berlin zu verlegen. Seebeck, der mit H.C.Oersted (Kap.10) befreundet war, berichtete erstmals öffentlich im Winter 1820/21 über Forschungen auf dem neuen Arbeitsgebiet, dem Elektromagnetismus. Ein Jahr später trug Seebeck abermals der Akademie vier Abhandlungen vor, die den thermoelektrischen Effekt betrafen und den Mittelpunkt dieses Kapitels bilden. Der Inhalt der Vorträge wurde aber erst 1825 von der Berliner Akademie veröffentlicht, so daß G.S. Ohm (Kap.12), der die Kenntnis des thermoelektrischen Effektes benötigte, erst 1826 zum Erfolg kommen konnte. Der Akademietext, der in "Ostwalds Klassikern" wiedergegeben ist, ist nach Aufzeichnungen von Seebecks Vorlesungen angefertigt und somit keine Originalveröffentlichung.

1825 endlich referierte er in Berlin zum Thema "Von den in allen Metallen durch Verteilung zu erregenden Magnetismus" [SEEBECK, 1821a]. Er behandelte das, was man später Wirbelstromdämpfung nannte, Erscheinungen, die M.Faraday später zur Entdeckung der Rotationsinduktion führten.

Seine letzte Arbeit über den Magnetismus von glühendem Eisen stammt von 1827, aber die Berliner Akademie soll von Seebeck weitere, unveröffentlichte Manuskripte besitzen [SEEBECK, 1821b]. Seebeck starb am 10.12.1831 nach langer Krankheit in Berlin.

Th.J. Seebecks Sohn L.W.F.A.Seebeck (1805-1849), der als Physiker die ersten Experimente zur Klangfarbe von Lochsirenentönen ausführte, leistete die Vorarbeit zu G.S.Ohms späten Arbeiten, in denen er die Fourierschen Integrale erfolgreich zur Beschreibung akustischer Klänge anwandte. So ist die Familie Seebeck mit G.S. Ohm wissenschaftlich eng verbunden gewesen.

11.2 Wissenschaftliche Leistungen

Th.J.Seebeck war als Physiker anerkannt; seine metaphysischen Ansichten, die der romantischen Naturphilosophie nahestanden, waren allerdings umstritten.

Die Optik war in jenen Jahrzehnten von der Auseinandersetzung zwischen den beiden rivalisierenden Auffassungen über die Natur des Lichts (Korpuskulartheorie und Wellentheorie) geprägt, wobei die Interpretation der Polarisationserscheinungen dabei besonders wichtig waren. Wie schon vorher angedeutet, entdeckte Seebeck die Drehung der Polarisationsebene des Lichts durch eine Zuckerlösung und schuf damit die Grundlage für das Saccharimeter.

Als neues Vollmitglied der Berliner Akademie wandte er sich ab 1818 dem Galvanismus zu. Aber erst die Entdeckung des Elektromagnetismus, die

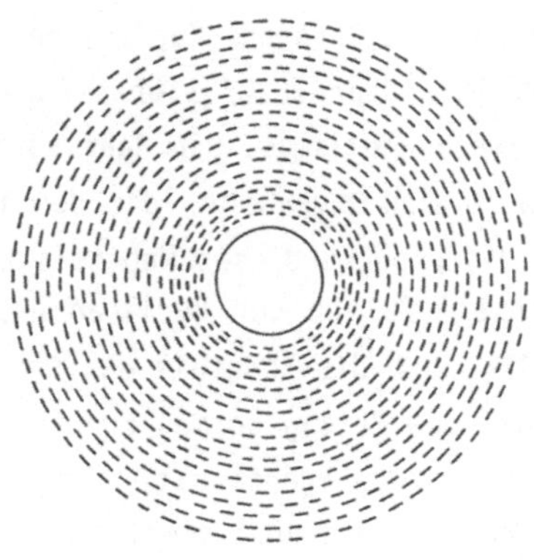

11.1 Skizze Seebecks von 1821 zum magnetischen Zirkularfeld

durch H.C.Oersteds Rundbrief vom 23.7.1820 bekannt wurde, gab Seebeck den
Anstoß zu erfolgreichen Arbeiten. Seebeck versuchte, einen eigenen Weg
zum Elektromagnetismus zu finden, der sich an den Vorstellungen Oersteds
und nicht an denen A.M.Ampères orientierte, auch, weil er letztere wohl
nicht kannte. Seebeck vollzog, wie A.de la Rive, Ampère und andere, alle
von Oersted geschilderten Experimente nach und bestätigte sie. Er gab sofort einen Ergänzungsversuch an: Seebeck veranschaulichte nämlich die Behauptung Oersteds, daß "der elektrische Konflikt in Kreisen fortgehe"
(siehe Kap.10), indem er Eisenfeilstaub um einen stromdurchflossenen,
senkrecht stehenden Leiter auf eine waagrechte Ebene streute und eine Figur mit konzentrischen Ringen erhielt [SEEBECK, 1821c] (Abb.11.1). Er
entwickelte damit Feldvorstellungen, die später von M.Faraday präzisiert
wurden. Seebeck ist aber als der Erfinder des Versuches weitgehend unbe-
kannt geblieben. Dabei ist allerdings zu bemerken, daß Eisenfeilicht
schon vorher benutzt wurde, um die Anziehung von Permanentmagneten zu demonstrieren.

Berühmt wurde Seebeck erst durch die Versuche, die er ein Jahr später,
im Winter 1821/22, vor der Berliner Akademie vorführte. Auszüge von vier
Vorträgen sind in Ostwalds Klassikern unter dem Titel "Magnetische Polarisation der Metalle und Erze durch Temperaturdifferenz" nachgedruckt.
Gleich auf den ersten Seiten nennt er die Metalle Wismut (Bi) und Antimon
(Sb), die eine "magnetische Polarisation" hervorrufen können. Die Abb.
11.2 gibt die von Seebeck gezeigten Konstruktionsvorschläge wieder
[SEEBECK, 1822a]. Durch systematisches Ändern der Versuchsbedingungen,
nämlich durch Umkehren des Windungssinnes der Spule, deren Windungsfläche
wegen der Verwendung einer Magnetnadel im magnetischen Meridian lag,
durch Fernhalten jeglicher Feuchtigkeit, um die galvanische Wirkung aus-
zuschließen, durch Erwärmen der Platten mit der Hand von der einen und

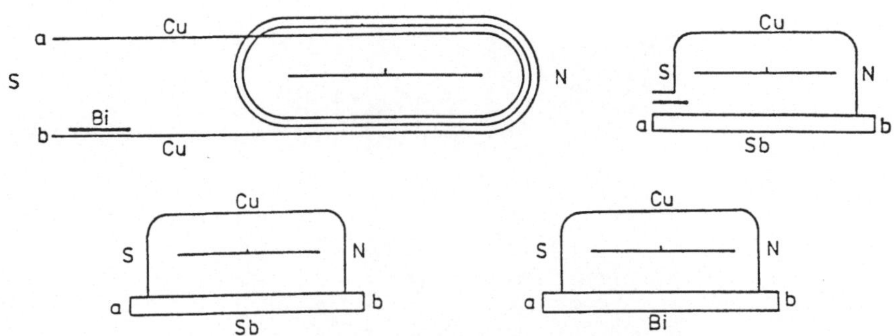

11.2 Skizzen Seebecks von 1822, Geräte zur Demonstation des thermoelektrischen Effektes; die linke obere Skizze diente als Vorbild

der anderen Seite, kam er zu dem sicheren Ergebnis, daß allein die Wärmedifferenz die Ursache der "Magnetischen Polarisation" ist. Er untersuchte alle Metalle, die ihm damals zugänglich waren. In zwei großen Tabellen hat er seine Forschungsergebnisse zusammengefaßt [SEEBECK, 1822b]. Man kann erkennen, daß Seebeck die anfängliche Zufallsentdeckung zu systematischer Forschung genutzt hat. Er selbst bezeichnete diesen Effekt als "thermomagnetisch". Als romantischem Naturphilosophen waren für ihn Elektrizität und Magnetismus gleichwertige Kraftformen; hier sah er in den magnetischen Wirkungen das Ursprüngliche.

11.3 Versuche zu Seebecks Forschungen

11.3.1 Saccharimetrie
mit dem Nörrembergschen Polarisationsapparat

Am Nörrembergschen Polarisationsapparat (Abb. 11.3), der in dieser Konstruktion erst um 1845 benutzt worden ist, kann man die Drehung der Polarisationsebene des Lichts durch Zuckerlösung messen [HÖFLING, 1978]. Dieser nach dem Malusschen Verfahren (Kap.7) arbeitende Polarisationsapparat besitzt zwei drehbare Glasplatten, deren Winkel in zwei Richtungen einstellbar sind. Die obere Glasplatte wird in der Funktion als Analysator so gedreht, daß sie das linear polarisierte Licht, das die untere als Polarisator erzeugt hat, nicht durchläßt; dann spricht man von gekreuzten Polarisationsebenen. In einer Glasküvette kann man nun optisch aktive Flüssigkeiten, wie Zuckerwasser, auf den Ring stellen, so daß das Licht durch diese hindurchtritt. Da die Lösung die Polarisationsebene des Lichts gedreht hat, wird wieder etwas Licht am Analysator reflektiert. Blickt man von oben auf den Drehring und dreht ihn im Uhrzeigersinn ("Rechtsdrehung"), wird die durch den Zucker bewirkte Drehung wieder

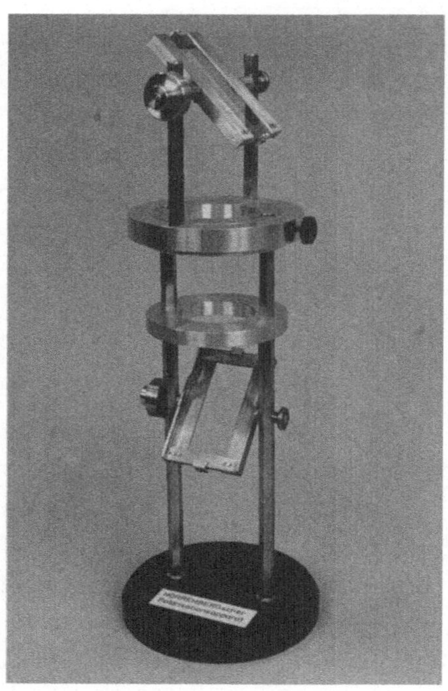

11.3 Nachbau des Nörrembergschen Polarisationsapparates, er erzeugt polarisiertes Licht nach dem Verfahren von Malus

rückgängig gemacht und wieder Dunkelheit erreicht. Der Drehwinkel ist ab-
lesbar. Wir haben es in diesem Falle mit einer "Dextrose" (dexter=rechts)
zu tun.

11.3.2 Magnetisches Zirkularfeld um einen elektrischen Strom

Um einen senkrecht stehenden, kräftigen Leiter wird ein Tisch aus unmag-
netischem Material, hier Aluminium, gebaut (Abb. 11.4). Ein starker elektrischer Strom (50 A) wird kurzzeitig durch den Leiter geschickt und der
Tisch mit Eisenfeilspänen bestreut. Weil im Feld jedes Spänchen ein magnetischer Dipol wird, ordnen sie sich ringförmig an. Leichtes Klopfen erleichtert die Orientierung der Eisenkörnchen.

11.3.3 Thermoelektrischer Effekt

Die Konstruktionszeichnung, die Seebeck angegeben hat, war die Grundlage
für den Nachbau, mit dem seine Experimente wiederholt wurden (Abb.11.5).
Die Anordnung läßt die Benutzung von Scheiben aus Wismut, Antimon und
auch anderen Metallen zu. Die Oberflächen der Scheiben und Spulenenden
müssen vorher geschliffen und mit feinem Sandpapier poliert werden, weil
sonst Kontaktwiderstände den Strom bei den kleinen Thermospannungen

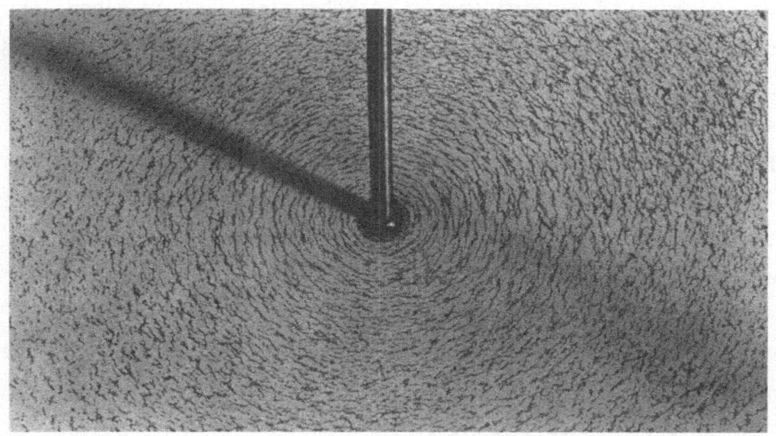

11.4 Magnetisches Zirkularfeld mit Eisenfeilspänen, kurzzeitig ist ein Strom von 50A erforderlich; notfalls ist Wechselstrom verwendbar

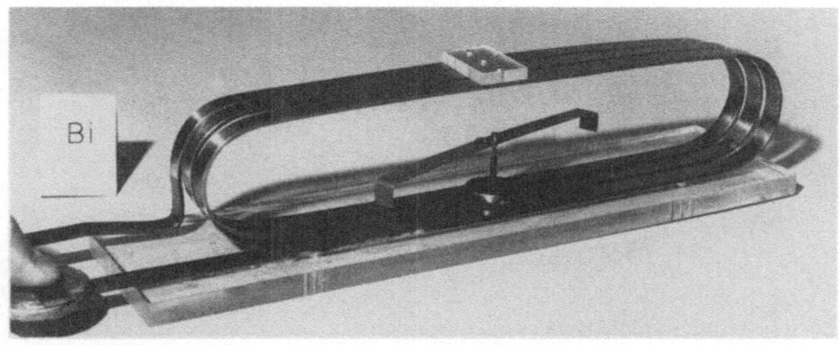

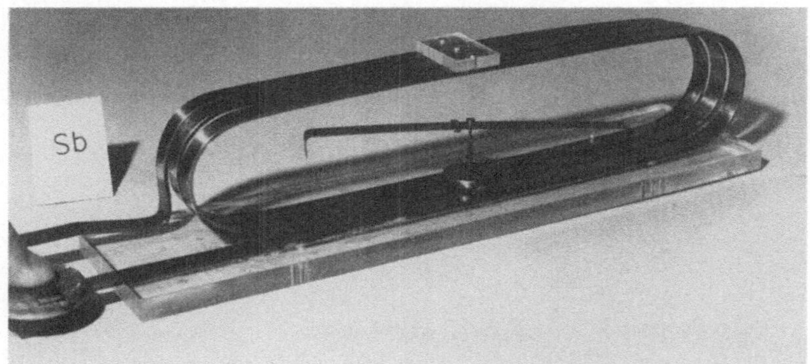

11.5 Nachbau eines Gerätes zum thermoelektrischem Effekt

(CuBi: -0,08mV/°C; Cu-Sb: +0,04mV/°C) nahezu verschwinden lassen. Drückt man jetzt mit dem Daumen die Enden der Spule aus Kupferband, zwischen denen die Metallscheibe geklemmt wurde, kräftig zusammen, erfährt die im magnetischen Meridian befindliche Magnetnadel eine Ablenkung von über 20°, deren Richtung vom benutzten Metall und dem Windungssinn der Spule abhängt. Die entstehende Spannung, verursacht durch die Wärmedifferenz zwischen Daumen und Raumtemperatur, reicht also aus, um einen Strom zu erzeugen, der die Nadel abzulenken vermag. Die zufällige Entdeckung durch Seebeck ist glaubhaft.

Seebeck bemerkte kurioserweise, daß auch an Stelle von Wismut "Preußische Taler" benutzt werden können [SEEBECK, 1822c]. Tatsächlich rufen auch die heutigen "Silbermünzen", zwischen die kupfernen Spulenenden geklemmt, einen thermoelektrischen Effekt in gleichem Sinne wie Wismut hervor.

Wenn bei der Demonstration des Effektes die Raumtemperatur hoch sein sollte, ist es zweckmäßig, die Unterseite der Klemmverbindung mit einem geeisten Kupferklötzchen ein wenig abzukühlen, um einen ausreichenden Temperaturunterschied zu erhalten.

12. Georg Simon Ohm und die Ohmsche Drehwaage

12.1 Biographisches

Georg Simon Ohm wurde am 16.3.1789 in Erlangen geboren. Als er zehn Jahre alt war, starb seine Mutter, und sein Vater, ein Schlossermeister, mußte seine beiden Söhne Georg Simon und Martin allein weitererziehen. Der Vater besaß ein für einen Handwerker außergewöhnliches philosophisches und mathematisches Interesse; anhand seiner beachtlichen Bibliothek studierte er gemeinsam mit seinen Söhnen wissenschaftliche Werke. Wegen einer wirtschaftlichen Depression hatte nämlich Vater Ohm viel Zeit, aber wenig Geld. Dennoch schickte er seine Söhne aufs Gymnasium, das damals nach dem preußischen "Canton-Reglement" vierklassig war [DEUERLEIN, 1954a]. Bereits 1805 konnte Georg Simon die vorgezogene Abschlußprüfung ablegen und begann das Mathematikstudium in Erlangen.

Bald kam es zum Bruch mit dem Vater (1806), woraufhin der Sohn das Studium aufgab und in der Schweiz nacheinander mehrere Privatlehrerstellen für Mathematik annahm [DEUERLEIN, 1954b]. Als Folge der napoleonischen Kriege und der Neuordnung Mitteleuropas gelangte das zum Markgrafentum Bayreuth gehörende Erlangen, seit 1791 preußisch, 1807 zunächst an Frankreich und 1810 endgültig zu Bayern. Als Bruder Martin 1811 in Mathematik den Doktorgrad erwarb, kehrte Georg Simon nach Erlangen zurück und promovierte ebenfalls noch im gleichen Jahr [DEUERLEIN, 1954c], wobei man ihm die Dissertation erließ. Beide Brüder gründeten danach in Erlangen eine Privatschule, in der Mathematik, Physik und Französisch unterrichtet wurde, die aber ein wirtschaftlicher Mißerfolg wurde und bald aufgegeben werden mußte.

1812 erhielt Georg Simon eine Realschullehrerstelle in Bamberg [DEUERLEIN, 1954d]. Die Realschule war eine neue, umstrittene Schulform, die keinen Bestand hatte und bereits 1815 wieder aufgelöst wurde. Die Stelle sagte Ohm außerdem nicht zu, da er auch gleichzeitig am Bamberger Progymnasium die einfachsten Dinge unterrichten mußte. Ohm wollte aus Bamberg weg und fand eine neue Stelle am "Königlich Katholischen Gymnasium" in Köln, dem sog. "Jesuitengymnasium" (1817). Diese Schule besaß einen

außerordentlich guten Ruf, weil sie unter anderem auch eine ausgezeichnete physikalische Sammlung aufzuweisen hatte, was damals ganz ungewöhnlich
war. Dieser Umstand beeindruckte Ohm so stark, daß er sich immer mehr der
Physik zuwandte. Der Versuch, einen Lehrstuhl für Mathematik zu bekommen,
scheiterte abermals [DEUERLEIN, 1954e], deshalb blieb er bis 1826 in Köln
und konnte dort die Versuche durchführen, die ihn später weltberühmt machen sollten. Ohm ließ sich 1826 nach Abschluß der Versuche beurlauben,
um in Berlin mit Hilfe seines Bruders, der dort inzwischen eine Professur
für Mathematik innehatte, und der dort befindlichen, reichhaltigen Bibliothek seine Forschungen weiter voranzutreiben und seine experimentell
gewonnenen Ergebnisse theoretisch zu untermauern.

Aber die Anerkennung seiner physikalischen Leistungen ließ auf sich
warten; er mußte wieder als Lehrer seinen Unterhalt verdienen, diesmal
auf der Kriegsschule in Berlin. Ab 1828 hatte er auch die Artillerie- und
Ingenieurschule in Mathematik zu betreuen. Die Bezahlung war in Preußen
schlecht, aber in Bayern wollte man Ohm nicht wieder aufnehmen, weil er
"Ausländer" geworden und dazu noch evangelischen Glaubens war. Trotzdem
reiste er 1831 wieder nach Erlangen und schrieb mehrere Eingaben an den
König, um in Bayern eine neue Unterrichtserlaubnis zu erhalten. 1833 endlich erhielt er eine Lehrerstelle an der staatlichen polytechnischen
Schule in Nürnberg [DEUERLEIN, 1954f], die zum Ingenieur ausbildete und
auch zur Hochschulreife führte. Bereits 1839 wird er Rektor dieser Schule, die er zehn Jahre leitete. Er fand dort wieder Zeit, sich wissenschaftlich zu betätigen und führte akustische Versuche mit einem jungen
Kollegen durch, den der völlig unmusikalische Ohm wegen dessen guten Ge-
hörs benötigte [DEUERLEIN, 1954g].

In der Nürnberger Zeit erhielt Ohm die entscheidende Anerkennung, denn
1841 verlieh ihm die Royal Society die Copley-Medaille, die höchste wissenschaftliche Auszeichnung, die es damals in Europa gab und die nicht
oft an Ausländer verliehen wurde. Mitgliedschaften in anderen Akademien
folgten daraufhin [DEUERLEIN, 1954h]. Die Berufung auf die Stelle eines
"2.Konservators der mathematisch-physikalischen Sammlungen und Professors
für Mathematik und Physik" an der Universität München durch König Maximi-
lian II. (1849) kam für die Schaffenskraft des Sechzigjährigen, der bereits kränklich geworden war, zu spät. Es belastete Ohm, daß er neben
seinen Hochschullehrerpflichten auch noch das Amt eines "Ministerialrefe-
renten für das Telegraphenwesen" übernehmen mußte. So fand er keine Zeit
mehr für kollegialen Gedankenaustausch und isolierte sich immer mehr. Eine neue wissenschaftliche Arbeit, die "Molekularphysik", die er in Nürnberg begonnen hatte und die auf vier Bände angelegt war, mußte er aus
Zeitmangel weitgehend aufgeben; nur der erste Band erschien [DEUERLEIN,

1954i]. 1852 wurde er ordentlicher Professor und noch im Wintersemester 1852/53 Senator der Universität. Am 6.7.1854 starb Ohm in München.

12.2 Arbeiten zum Ohmschen Gesetz

Am Kölner Jesuitengymnasium wandte sich Ohm dem Galvanismus zu. 1825 glaubte er, das entscheidende Gesetz des Galvanismus gefunden zu haben. In "Schweiggers Journal..." *und* in "Poggendorffs Annalen..." veröffentlichte er einen Artikel unter dem Titel "Vorläufige Anzeige des Gesetzes, nach welchem die Metalle die Contact-Elektrizität leiten" [OHM, 1825]. Er beschrieb darin Versuche, die er mit galvanischen Trogelementen durchgeführt hatte, und kam wegen deren Ermüdungserscheinungen auf ein unzutreffendes, logarithmisches Gesetz, das man schon mit einer einfachen Grenzwertbetrachtung widerlegen konnte. Durch die Doppelveröffentlichung verbreitete sich Ohms Mißerfolg unter den interessierten Physikern in Europa rasch. Das Vertrauen in seine wissenschaftlichen Forschungen war in Frage gestellt. Als Ohm ein Jahr später das zutreffende "Ohmsche Gesetz" unter dem Titel "Bestimmung des Gesetzes, nach welchem die Metalle die Contactelektrizität leiten, nebst einem Entwurf zu einer Theorie des Voltaschen Apparates und des Schweiggerschen Multiplikators" [OHM, 1826], wohl als Konzession an die Person J.S.Ch.Schweiggers, lediglich in "Schweiggers Journal" und nicht in "Poggendorffs Annalen" veröffentlichte, wurde das wenig bekannt. Ohm wußte als Mathematiker nicht, daß die europäischen Physiker bevorzugt "Poggendorffs Annalen", die späteren "Annalen der Physik", studierten und "Schweiggers Journal" nur sekundäre Bedeutung beimaßen. Wie sich nämlich später herausstellte, hatten viele maßgebende Physiker das "Ohmsche Gesetz" in "Schweiggers Journal" weder bemerkt noch gelesen oder maßen der Schrift keine sonderliche Bedeutung bei. Zudem war es für die Physiker höchst unglaubwürdig, daß eine komplizierte Sache wie die elektrische Leitung der Metalle, die von vielen Parametern wie Material, Querschnitt, Länge, Feuchtigkeit, Temperatur u.a. abzuhängen schien, *mit einer einzigen Größe*, dem elektrischen Widerstand, beschrieben werden könne.

An der Bibliothek in Berlin arbeitete Ohm an der Vervollständigung seiner "Theorie". Nach kurzer Zeit erschien eine Monographie mit dem Titel "Die galvanische Kette, mathematisch bearbeitet" [OHM, 1827]. Er schloß in dem Buch, daß die "elektroskopische Kraft", die "elektrische Spannung" und das "elektrische Potential" identisch sind [LOMMEL, 1889a]. Durch diese Erkenntnisse brachte er das Gesetz in die heute übliche Form, nämlich $S = k \cdot A/L$, wobei S die Stromstärke, k eine Konstante, A die Summe

aller Spannungen und L die reduzierten Längen der Kette (die Widerstände)
bedeuteten.

Ohm hatte mit seinem Buch kein Glück. Sein Verleger verlor wegen des
schlechten Absatzes die Geduld und ließ die unverkauften Exemplare ein-
stampfen. Ohms Freund G.Th.Fechner (Leipzig) reagierte zwar 1831 als erster positiv auf die Veröffentlichungen von 1826/27 [FECHNER, 1831],
drang mit seiner Meinung aber nicht durch. Als sich der 100. Geburtstag
Ohms (1887) näherte, mußte sich der geplante Nachdruck der "Kette" auf
Rückübersetzungen aus dem Englischen, Italienischen und Französischen
stützen, da Originalexemplare nicht mehr greifbar waren [DEUERLEIN,
1954j]. Gegen Ohms Forschungen bestanden damals nämlich grundsätzliche
Bedenken, die aus der Hegelschen Philosophie stammten. Hegel vertrat bekanntlich als Hochschullehrer in Berlin den Standpunkt, daß Experimentieren und Beobachten keinerlei Erkenntnisgewinn bringen könne. So wurde Ohm
nach Meinung Deuerleins ein "Opfer dieser unduldsamen, sich unfehlbar
dünkenden Hegelschen Naturphilosophie" [DEUERLEIN, 1954j]. Weil das
"Ohmsche Gesetz" ohne Resonanz blieb, wurde es 1831 in Frankreich noch
einmal empirisch gefunden, veröffentlicht und daraus Ansprüche auf Prio-
rität abgeleitet, weil Ohm es 1827 in der "Galvanischen Kette" lediglich
spekulativ hergeleitet habe. Vermutlich waren die empirischen Arbeiten
Ohms von 1826 auch in Frankreich nicht bekannt geworden [LOMMEL, 1889b].
In der Verleihungsurkunde zur Copley-Medaille [LOMMEL, 1889c] fehlt jeglicher Hinweis auf die experimentellen Arbeiten von 1826, was den Schluß
zulassen dürfte, daß diese auch der Royal Society nicht bekannt gewesen
sind.

12.3 Versuche mit der Ohmschen Drehwaage

12.3.1 Vergleich der historischen Anordnung mit dem Nachbau

Ohm gebrauchte 1826 für Stromstärkemessungen mit dem Torsionsmagnetometer
nicht mehr den "wogenden" Strom galvanischer Elemente, sondern die Thermoelektrizität, die Seebeck 1821/22 entdeckt hatte und über die die Berliner Akademie 1825 berichtete. Mit "Wogen" waren die Ermüdungserscheinungen chemischer Elemente gemeint, die dem damals üblichen Kurzschlußbetrieb verständlicherweise nicht standhielten. Mit Hilfe einer gleichblei-
benden Temperaturdifferenz (Eis- und Siedepunkt) erhielt Ohm beim See-
beckeffekt dagegen eine konstante Quellspannung. Die "einfache Kette"
(gemeint: der einfache Stromkreis) bestand bei Ohms Versuchen aus einem
Wismutbügel, an dem zwei Kupferbänder angeklemmt waren (Abb.12.1). Beide

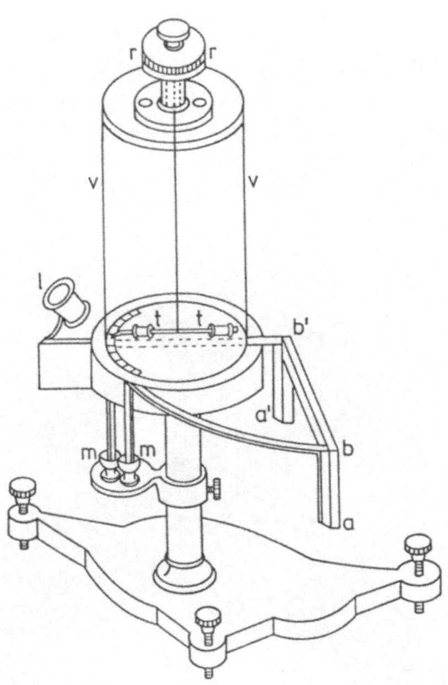

12.1 Konstruktionszeichnung von Ohm (1826); im Glaszylinder v-v hängt am
Goldbändchen die Oerstednadel t-t; oben ist eine Rändelschraube r-r, mit
der man das Bändchen (in Skt. meßbar) so verdrillt, daß jede Ablenkung
kompensiert werden kann; a-b-b'-a' ist der Wismutbügel, dessen eines Ende
a-b mit Eis gekühlt und dessen anderes a'-b' mit siedendem Wasser erwärmt
wird; m-m sind mit Quecksilber gefüllte Stahlnäpfchen, in die die äußeren
Leiter einhängen; auf die Ableselupe l wurde verzichtet

Enden der Kupferbänder tauchten in kleine, mit Quecksilber gefülltes
Schälchen, in die man auch die Enden des "äußeren Leiters" zum Kontaktieren einhängen konnte. Quecksilberkontakte wurden bereits von A.M.Ampère
benutzt und sind auch heute noch gelegentlich unverzichtbar; auch im
Nachbau wurden solche verwandt. Ein Kupferband wurde parallel zum magnetischen Meridian ausgerichtet und darüber eine Magnetnadel an einem dünnen Goldbändchen aufgehängt. Das Kompensationsverfahren, das C.A.Coulomb
1785 zur Messung kleiner elektrostatischer Kräfte erfunden und angewandt
hatte, machte Ohms Apparat zu einer empfindlichen Meßanordnung. Eine Rändelschraube am Kopf des Gerätes erlaubte das Goldbändchen so zu verdril-
len, daß eine Richtungsänderung der Magnetnadel als Folge des magnetischen Zylinderfeldes durch Gegendrehung der Schraube kompensiert werden
konnte. Ohm erhielt dadurch ein linear arbeitendes, auf mechanische Größen zurückführbares und von Winkeln und unterschiedlichen Abständen und
Lagen unabhängiges Strommeßinstrument.

Der Wismutbügel war wie ein umgekehrtes U geformt, so daß das eine Ende mit Eiswasser gekühlt, das andere mit siedendem Wasser erwärmt werden
konnte. Ohm entwarf für diesen Zweck spezielle Becher, die die Metalle

12.2 Nachbau der Ohmschen Drehwaage

trocken zu halten gestatteten. Weil er die Voltasche Kontakttheorie (siehe Kap.6) vertrat, meinte er, den Einfluß von Wasser fernhalten zu müssen. Im Nachbau wurden die Wismut-Kupfer-Lötstellen unmittelbar in Eis- bzw. in Siedewasser getaucht.

Schon oft sind Ohmsche Drehwaagen nachgebaut worden, was wohl durch die korrekte Konstruktionsskizze zu erklären ist, die Ohm 1826 veröffentlicht hatte. Der hier verwandte Nachbau eines Lehramtskandidaten ist zur besseren Orientierung analog zur Originalskizze photographiert worden (Abb.12.2). Man erkennt den Wismutbügel, der auf der Photographie in das siedende Wasser und das Eiswasser taucht, die beiden Quecksilbergefäße und oben den Glaszylinder, auf dessen Deckel die Rändelschraube sitzt. An der Schraube hängt innerhalb des Zylinders das Bändchen mit der Magnetnadel, die zur besseren Ablesung einen kleinen Zeiger trägt. Auf die Ableselupe Ohms wurde im Nachbau verzichtet.

12.3.2 Auswertung der Ohmschen Messungen

Ohm gibt in seiner Veröffentlichung von 1826 die Meßdaten an, die ihn zur Aufstellung seiner Formel veranlaßten. Recht unvermittelt erscheint in "Schweiggers Journal" [LOMMEL, 1889d] die Formel: $X=a/b+x$

Mit heutigen Begriffen bedeutet X=Stromstärke, a=Quellspannung, b=inne-

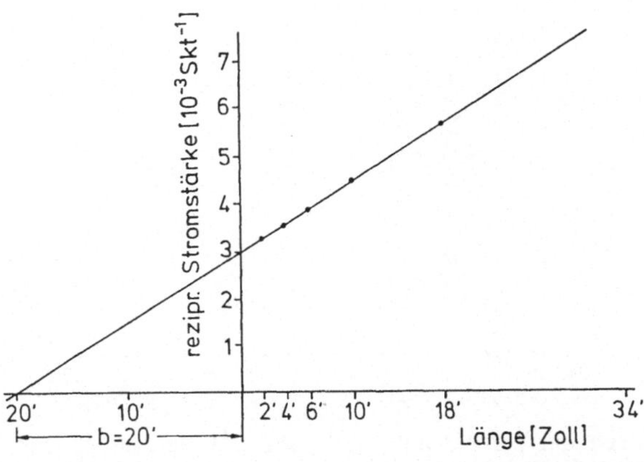

12.3 Ohms Meßdaten der Reihe V in moderner, graphischer Darstellung

rer Widerstand (Kupfer- und Wismutbügel), x=äußerer Widerstand (variable Leiterlänge).

Diese Formel hat er aus folgenden Meßdaten abgeleitet:

Länge in Zoll	2'	4'	6'	10'	18'	34'	66'	130'	
Leiter	1	2	3	4	5	6	7	8	Reihe
8.1.1826	327	301	278	238	191	135	83	49 Skt.	I
11.1.1826	311	287	267	230	184	130	80	46 "	II
11.1.1826	307	284	264	226	181	129	79	45 "	III
15.1.1826	305	282	259	224	179	125	79	45 "	IV
15.1.1826	305	282	258	224	178	125	78	44 "	V

(Bruchteile auf Ganze gerundet)

Mit Recht hielt Ohm die Daten der Reihen IV und V für die zuverlässigsten. Eine graphische Auswertung, damals nicht üblich, ergäbe - mit Kenntnis des Ohmschen Gesetzes - eine Hyperbel. Die Graphik vereinfacht sich, wenn man die Formel reziprok auffaßt, nämlich: $1/I=b/a+x/a$; dann wird die Kennlinie eine Gerade. Nach der Auswertung der V.Reihe nach diesem Verfahren erhält man tatsächlich eine solche, wie Abb.12.3. zeigt (die Längen über 34' sind weggelassen worden). Man erkennt, daß die Ohmschen Meßdaten kaum streuen und sehr sorgfältig erstellt worden sind. Ohm hat aber offenbar die Formel arithmetisch gefunden, wie aus seinem Laborbuch hervorgeht [TEICHMANN, 1976].

12.3.3 Messungen mit dem Nachbau

Die Messungen mit einer ungedämpften magnetischen Drehwaage im Laboratorium von heute sind schwierig. Man findet kaum einen Raum und Tisch, der das magnetische Erdfeld nicht irgendwie verändert und der ausreichend er-

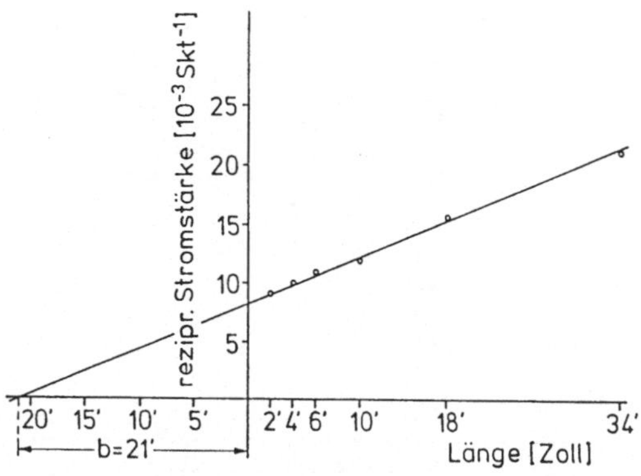

12.4 Meßdaten des Verfassers von 1982 mit dem Gerät der Abb.12.2

schütterungsfrei ist. Trotz aller Bedenken mußten die Quecksilberkonkakte übernommen werden, weil nur mit diesen ein konstanter Kontaktwiderstand zu erreichen war. Auch ist der Wechsel des äußeren Leiters ohne Erschütterung der Magnetnadel leichter möglich. Ein übermäßiges Schwingen der Drehwaage beim Wechsel der Leiter kann vermieden werden, wenn man den folgenden in das Quecksilber eintaucht, bevor man den vorhergehenden herausnimmt; dann wird beim Schalten das kurzzeitige Verschwinden des Thermostromes vermieden. Das Bändchen muß bei kurzen, eingehängten Leitern oft mehr als eine Umdrehung verdrillt werden. Dann ist beim Wechsel besondere Vorsicht geboten, weil sich sonst die Nadel leicht überschlägt und besonders lange schwingt, ehe sie wieder zur Ruhe kommt. Nach der Umformung der Formel nach Kap.12.3.2. wurden eigene Messungen ausgewertet, die in Abb.12.4. gezeigt werden [ACHILLES, 1983]. Die Meßpunkte weisen eine deutlich größere Streuung auf als die Ohmschen. Auch waren die Ausschläge unterschiedlich, was nicht verwunderlich ist, da das von Ohm verwandte Goldbändchen und das magnetische Moment der Nadel nicht reproduzierbar sind. Erstaunlich ist die Tatsache, daß der innere Widerstand des Nachbaugerätes ebenfalls ca. "20 Zoll" beträgt. Wegen des originalähnlichen Nachbaus hatte der Wismutbügel, der vorwiegend den inneren Widerstand ausmacht, gleiche Bemaßung und gleiche elektrische Eigenschaften. Wegen des damals noch fehlenden elektrischen Maßsystems benutzte Ohm ein willkürliches, das hier übernommen wurde (Widerstand in "Zoll", Stromstärke in "Skalenteilen", Quellspannung in "Skalenteile mal Zoll", das Produkt der beiden ist konstant).

13. Wilhelm Weber, Carl Friedrich Gauß und der Induktionstelegraph

13.1 Biographisches

13.1.1 W. Weber

Wilhelm Eduard Weber wurde am 24.10.1804 als Sohn eines Wittenberger
Professors geboren. Zwei Brüder Wilhelms und er wandten sich dem Studium
der Medizin und der Naturwissenschaften zu. Die Liebe aller drei Söhne
des Theologen zu den Naturwissenschaften wurde vor allem durch einen
Freund der Familie, E.F.F.Chladni geweckt, der als Begründer der physikalischen Akustik gilt. Durch ihn wurden Ernst Heinrich und Wilhelm angeregt, eine "Wellenlehre" zu schreiben. Der ältere Bruder hatte nämlich
die mathematische Begabung von Wilhelm erkannt, stellte die Experimente
über Schwingungen und Wellen zusammen und überließ Wilhelm die mathematische Bearbeitung [WIEDERKEHR, 1967a].

W.Weber studierte bei J.Chr.S.Schweigger in Halle Physik, promovierte
1826 und habilitierte sich ein Jahr später. Auf Vorschlag Schweiggers
wurde Weber in Halle/S. 1828 Professor für Physik [WIEDERKEHR, 1967b].
Noch im gleichen Jahr nahm Weber an der "Versammlung der deutschen Naturforscher und Ärzte" in Berlin teil, die bestimmend für sein Leben werden
sollte. Dort hielt er den Experimentalvortrag "Über die Kompensation der
Orgelpfeifen", in dem er auch auf präzise Meßverfahren aufmerksam machte.
Durch diesen Vortrag wurde C.F.Gauß, der als Ehrengast beim Präsidenten
A.v.Humboldt wohnte, auf Weber aufmerksam.

Als 1830 in Göttingen die Physikprofessur durch den Tod T.Mayers
(jun.) frei wurde, schlug Gauß die Berufung Webers vor. 1832 legte Gauß
seine berühmte Abhandlung über die Zurückführung magnetischer Erdkräfte
auf "absolutes Maß" vor [WIEDERKEHR, 1967c], bei der ihn Weber experimentell tatkräftig unterstützt hatte. Gauß und Weber gründeten 1836 den
"Göttinger Magnetischen Verein", ein internationales wissenschaftliches
Unternehmen, das sich hauptsächlich der Erforschung des Erdmagnetismus
widmete. Möglichst viele erdmagnetische Daten wurden gesammelt und zusam-
mengestellt zwecks Anfertigung magnetischer Karten und Erstellung einer
Theorie [WIEDERKEHR, 1967d]. Während dieser magnetischen Arbeiten erfan-
den und bauten sie den elektromagnetischen Telegraphen, der die populärste Arbeit der beiden geworden ist.

Die Zusammenarbeit, die Göttingen zum Zentrum magnetischer und elektrischer Forschungen machte, wurde durch die politischen Ereignisse von 1837 jäh unterbrochen. Nach dem Tode König Wilhelms IV. von England und Hannover bestieg in Hannover Ernst August den Thron. Dieser erklärte nach Regierungsantritt die seit vier Jahren gültige Verfassung als nicht zu Recht bestehend und annullierte sie. Der Göttinger Jurist Dahlmann, der an der Ausarbeitung der neuen Verfassung beteiligt gewesen war, schickte daraufhin einen Protestbrief an den König, der von sechs weiteren Professoren, auch von Weber, unterschrieben war. Durch Indiskretion geriet der Protestbrief in eine Hamburger Zeitung. Die Schlußsätze des Protestes der "Göttinger Sieben" sind zeitlos gültig: "...das ganze Gelingen ihrer Wirksamkeit (als Professoren) beruht nicht sicherer auf dem wissenschaftlichen Werte ihrer Lehren, als auf ihrer persönlichen Unbescholtenheit. Sobald sie aber vor der studierenden Jugend als Männer erscheinen, die mit ihren Eiden ein leichtfertiges Spiel treiben, ebenso ist der Segen ihrer Wirksamkeit dahin" [WIEDERKEHR, 1967e].- Proteste gegen den König kamen aus Hamburg, Leipzig und aus Göttingen selbst. Ein Studentenaufstand wurde nur durch den Aufmarsch von Truppen verhindert. Der König war zum Handeln genötigt und entließ die sieben kurzerhand. Einige mußten das Königreich sofort verlassen, aber Weber durfte unter Verlust seiner Professur in Göttingen bleiben. Weber, von kleiner, unscheinbarer Gestalt, im Universitätsleben kaum hervorgetreten, erlangte mit den anderen Protestierenden über Nacht ein außerordentliches Ansehen bei Studenten und anderen Patrioten [WIEDERKEHR, 1967f]. Verbittert über den Starrsinn des Königs, der nicht bereit war, ihm seine Professur zurückzugeben, verließ Weber 1842 Göttingen und ging auf Reisen. Er war auf die Vermittlung und die Hilfe seiner Brüder angewiesen und nahm in Leipzig den Physiklehrstuhl von G.Th.Fechner an, der wegen einer Erblindung das Experimentieren eingestellt hatte.

In Göttingen aber konnte der zurückgebliebene Gauß ohne Weber seine physikalischen Arbeiten nicht fortsetzen. Nach der Herausgabe von sechs Jahresbänden des Göttinger Magnetischen Vereins und eines Atlasses mit Karten geomagnetischer Elemente mußten alle weiteren Arbeiten dazu eingestellt werden. Weber war von einer neuen Aufgabe fasziniert: Alle Gesetze über elektrische Kräfte sollten in *einem* neuen Fundamentalgesetz erfaßt werden. In Leipzig veröffentlichte er 1846 in der ersten Abhandlung seiner "Elektrodynamischen Maßbestimmungen" dieses nach ihm benannte Gesetz (W.' Grundgesetz der elektrischen Wechselwirkung) [WIEDERKEHR, 1967g].

Nach der Märzrevolution des Jahres 1848 hatte Weber Hoffnungen, wieder eine Professur in Göttingen erhalten zu können. Gauß setzte sich für Weber ein und versuchte ihn zurückzugewinnen. Das war aber kompliziert, da

Webers Lehrstuhl (seit 1839) von J.B.Listing besetzt war; so fand man den Ausweg, für Listing eine neue Professur für Physik in Göttingen einzurichten. Auf diese Weise konnte Weber 1849 auf seinen Lehrstuhl zurückkehren und Listing seine Stelle behalten [WIEDERKEHR, 1967h].

Die früheren gemeinsamen Arbeiten ließen sich aber nicht fortsetzen, weil Gauß zu diesem Zeitpunkt bereits 72 Jahre alt und wissenschaftlich nur noch wenig aktiv war. Mitte der fünfziger Jahre fand Wilhelm Weber in Rudolf Kohlrausch einen neuen Partner für seine schwierigen Experimentaluntersuchungen, der nach bahnbrechenden Arbeiten (Weber-Kohlrausch-Versuch: Vergleich der Stromstärkeneinheiten nach abs. elektromagnetischem und nach elektrostatischem Maß) bereits 1858 starb.

Eine jahrelange Kontroverse zwischen Weber und H.v.Helmholtz ließ Zweifel an der grundsätzlichen Bedeutung des Weberschen Gesetzes aufkommen. Helmholtz stellte sich bezüglich des Elektromagnetismus auf die Seite M.Faradays und J.C.Maxwells und widersprach dem Weberschen Gesetz. Argumente wurden ausgetauscht; der Physiker K.F.Zöllner in Leipzig, der Begründer der Astrophysik, der mit Weber gemeinsam experimentiert hatte und mit ihm befreundet war, meinte, die wissenschaftliche Autorität Webers schützen zu müssen, indem er Helmholtz in polemischer Weise angriff und den Gegensatz verschärfte [WIEDERKEHR, 1967i].

1874 übergab Weber seinen Lehrstuhl an E.Riecke und arbeitete nach der Emeritierung mit dem streitbaren Zöllner in Leipzig wissenschaftlich weiter. Nach Zöllners frühem Tod (1882) zog sich Weber wieder nach Göttingen zurück und starb dort am 23.6.1891.

13.1.2 C. F. Gauß

Carl Friedrich Gauß wurde am 30.4.1777 in Braunschweig als Sohn eines Handwerkers geboren, der gelegentlich seinen Beruf wechselte, die längste Zeit aber Gärtner war. Noch sehr jung fiel Carl Friedrich durch seine Rechenfähigkeit auf; immer wieder verblüffte er den Lehrer durch außergewöhnliche Lösungen. Schließlich beurlaubte ihn der weitsichtige Pädagoge vom normalen Mathematikunterricht und verwies ihn an seinen jungen, 16jährigen Gehilfen namens Bartels, von dem er wußte, daß dieser besonders mathematisch interessiert war [BIEBERBACH, 1938a]. Diesem Bartels, der später selbst Mathematikprofessor wurde [SALIE, 1960a], gelang es, den Vater zu überreden, Carl Friedrich 1788 auf das Gymnasium zu schicken. Dort lenkte der Gymnasiallehrer Zimmermann die Aufmerksamkeit des Herzogs von Braunschweig auf den Jungen und veranlaßte den Fürsten, sich den Knaben vorstellen zu lassen (1791). Der Herzog war von dem Knaben beeindruckt und förderte ihn durch Stipendien, die Gauß ausnahmsweise auch nach Abschluß seines Studiums bis zum Tod des Fürsten 1806 erhielt. 1792 bezog Gauß das Collegium Carolinum in Braunschweig, um die Studienreife zu erlangen. Gauß lernte alte und neue Sprachen mit solcher Schnelligkeit und Freude, daß er zeitweilig sogar erwog, Philologie zu studieren. 1795 begann er das Studium der Mathematik in Göttingen und besuchte die Vorlesungen des Philologen Ch.G.Heyne, des Mathematikers A.G.Kästner und des Physikers G.Ch. Lichtenberg (siehe Kap.5) [BIEBERBACH, 1938b]. Von Kästners Können war der Student Gauß enttäuscht, allerdings hatte er in späteren Jahren (1845) mehr Verständnis für dessen poetische Neigungen. Er erinnerte sich an Kästners Witz, bemängelte aber, daß gerade in der Mathematik der Witz ihn stets verlassen habe. Während des Studiums gelang Gauß die Konstruktion des regelmäßigen Siebzehnecks mit Zirkel und Lineal, eine Arbeit, auf die er sein Leben lang stolz war. Auf Anweisung des Landesfürsten mußte Gauß in Helmstedt, der Braunschweigischen Landesuniversität, promovieren (1799). Er legte wegen der Eile dem dortigen Professor Pfaff eine "kleinere, ältere Arbeit", nämlich den Fundamentalsatz der Algebra vor. Auf Pfaffs Gutachten und auf Gauß' Antrag hin verzichtete die Fakultät auf jegliche mündliche Prüfung [BIEBERBACH, 1938c].

Gauß erlangte 1801 unerwartete Berühmtheit, als es ihm gelang, die Bahn eines neuen, von G.Piazzi im Januar desselben Jahres entdeckten Himmelskörpers nach einer neuen Methode aus wenigen Beobachtungsdaten zu berechnen, so daß "Ceres" nach beinahe einem Jahr fast an der Stelle aufgefunden wurde, die Gauß ausgerechnet hatte [BIEBERBACH, 1938d].

Nach einer langen Periode mathematischen Schaffens begann 1831 für Gauß ein neuer Lebensabschnitt in mehrfacher Hinsicht, als W.Weber in Göttingen eintraf und die gemeinsamen physikalischen Arbeiten beginnen konnten. Als praktische Anwendung ihrer Forschungen bauten sie 1833 den elektromagnetischen Telegraphen. Gauß beschrieb ihn 1834 in den "Göttingischen gelehrten Anzeigen".

Das persönliche Leben von C.F.Gauß ist hart gewesen. Nach nur vierjähriger Ehe (1805-1809) mit Johanna Osthoff aus Braunschweig hinterblieb Gauß als Witwer mit drei Kindern. 1810 schloß er die Ehe mit Wilhelmine Waldeck aus Göttingen, aus der wieder drei Kinder hervorgingen. Während Gauß auch seine zweite Frau überlebte, hatte er noch seine Mutter zu betreuen, die das ungewöhnliche Alter von 97 Jahren erreichte. Als engagierter Familienvater gingen ihm die Probleme seiner Kinder, auch als diese erwachsen waren, besonders nahe. Über die Maßen litt Gauß an dem Zerwürfnis mit seinem Sohn Eugen, der als hoffnungsvoller Jurastudent 1831, gerade als W.Weber in Göttingen eintraf, gegen den Willen der Eltern nach Amerika auswanderte. An den damit verbundenen Aufregungen starb die Mutter [SALIE, 1960b]. Einige Jahre darauf folgte auch Sohn Wilhelm dem Bruder nach Amerika. 1837 mußte seine Tochter Wilhelmine als Ehefrau von H.Ewald, einem der "Göttinger Sieben", innerhalb von drei Tagen das Land verlassen. Der konservativ denkende Gauß litt nun selbst unter der politischen Reglementierung durch den König.

Am 22.2.1855 starb Gauß, geehrt und schon zu Lebzeiten anerkannt als einer der bedeutendsten Mathematiker aller Zeiten, dem die Physiker so viel zu verdanken haben. Sein Grabstein ist erhalten, und man findet ihn in den Parkanlagen vor der Stadtmauer in Göttingen, die früher der Albanikirchhof waren.

13.2 Physikalische Arbeiten von Weber und Gauß

13.2.1 Der Telegraph

Die Form des Gerätes ist von Weber und Gauß mehrfach geändert worden. Anfangs verwandten sie zum Betreiben des Gebers offenbar galvanische Elemente, später nutzten sie dagegen die 1831 entdeckte Induktion. Der Empfänger ist vermutlich gar nicht für den Telegraphengebrauch gebaut worden, sondern war ein Magnetometer, das für erdmagnetische Messungen benutzt worden und noch vorhanden war. Das verwandte Alphabet ist mehrfach geändert worden, deshalb findet man unterschiedliche Buchstabenkodierungen. Der Telegraph verband ab 1833 die Sternwarte am Geismartor mit dem physikalischen Kabinett am Leinekanal über eine Entfernung von fast einem Kilometer. Die freihängende, blanke Kupferleitung ließ Weber an Kirchtürmen befestigen und sie wurde benutzt, bis ein Blitzschlag sie nach zwölf Jahren zerstörte. Der Bau des Telegraphen wird von Mathematikern als unbedeutende [COURANT, 1955], von Physikern aber als beachtliche physikalisch-technische Leistung angesehen [POHL, 1955]. Der physikalische Standpunkt soll hier dargelegt werden:

a) Erstmalig wurde gezeigt, daß die elektrische Wirkung über *große Distanz*, nämlich durch Drähte von insgesamt zwei Kilometer Länge übertragbar ist.

b) Es wurde nachgewiesen, daß sich die elektrische Wirkung *sehr schnell* fortpflanzt, die Elektrizität als Mittel zum Schnelltelegraphieren geeignet ist.

c) Es war die erste technische Anwendung, bei der elektrische aus mechanischer Energie durch Induktion erzeugt, übertragen und genutzt wurde; sie ist das *Modell der Energieerzeugung und -übertragung*.

d) Die *dualen Eigenschaften* der Elektrizität (+/- ; rechts/links; Punkt/Strich) wurden erstmalig erkannt und für die Codierung verwendet.

Vier Zeichen ermöglichen $2^4 + 2^3 + 2^2 + 2^1$ Kombinationen (zusammen 30). S.Morse nahm diesen Gedanken auf, wählte aber fünf Zeichen und erhielt dadurch insgesamt 62 Codierungensmöglichkeiten (für Buchstaben, Zahlen, Satzzeichen und Kürzel).

Vorherige Versuche, elektrische Telegraphen zu bauen, kamen über eine Versuchsschaltung nicht hinaus, weil die Erfinder die duale Natur der Elektrizität nicht erkannt hatten.

13.2.2 Das absolute Maßsystem

1832 legte Gauß in seiner genannten Abhandlung dar, daß magnetische Größen "absolut" gemessen werden können. Unter "absolut" wollte Gauß zunächst nur die Unabhängigkeit der magnetischen Messungen von Störparametern verstanden wissen. Später wurde "absolut" im Gegensatz zu "relativ" gebraucht. Ein relatives System ist eines, das nur innerhalb eines Bereiches der Physik Zusammenhänge richtig darstellt, zu anderen Bereichen aber keine logische Verbindung hat und "Äquivalente" erfordert. Nun kann man aber alle Meßgrößen, auch die magnetischen und elektrischen, auf mechanische Kräfte zurückführen [WIEDERKEHR, 1960a]; solch ein Maßsystem ist im heutigen Sinne ein absolutes. Das ist widerspruchslos dadurch zu erreichen, daß man in einem magnetischen (elektrischen) Kraftgesetz die Kraft im üblichen mechanischen Maß mißt (zurückgeführt auf Masse, Länge, Zeit), die Gleichung nach der magnetischen (elektrischen) Größe auflöst und auftretende Proportionalitätsfaktoren "1" setzt. Dann erhält man eine "absolute" magnetische (elektrische) Einheit.

1841 hatte Weber in Anlehnung an das Gaußsche absolute magnetische Maßsystem die elektrische Stromstärke im absoluten elektromagnetischen Maßsystem zuerst definiert, wobei er das Biot-Savartsche Kraftgesetz zugrunde legte. 1846 konstruierte Weber das Dynamometer, ein Meßinstrument, das aus zwei ineinanderbefindlichen, senkrecht aufeinanderstehenden Spulen besteht, von denen eine drehbar und mit einem Lichtzeiger versehen ist, und das sowohl für Gleichstrom als auch für Wechselstrom brauchbar ist. Er hatte damit ein sehr empfindliches Universalmeßinstrument erhalten. Mit einem Dynamometer gelang Weber erstmalig das Messen von Wechselströmen bei akustischen Frequenzen [WIEDERKEHR, 1960b].

Zur Definition der absoluten elektromagnetischen Spannungseinheit benutzte Weber die Induktion. Er schrieb das Induktionsgesetz in integraler Form fast richtig und griff späteren Schreibweisen vor [WIEDERKEHR, 1960c]. Die 1881 beschlossenen praktischen Einheiten (Volt, Ampère, Ohm) sind über ganzzahlige Beziehungen auf die absoluten elektromagnetischen und elektrostatischen Einheiten rückführbar.

1855 ging Weber, wie erwähnt, daran, das absolute elektrostatische System in seinem Verhältnis zum elektromagnetischen zu untersuchen. Aus dem Coulombschen Gesetz konnte er die elektrische Ladung und daraus auch den elektrischen Strom definieren, weil Stromstärke = Ladungsdurchfluß/Zeit bedeutet. Daraus ergibt sich die einfach erscheinende, aber schwierige Aufgabe, die Stromeinheit in magnetischer Definition mit der in elektrostatischer Definition zu vergleichen. Weber führte mit R.Kohlrausch dieses Experiment durch und erhielt als Proportionalitätsfaktor etwa die halbe Lichtgeschwindigkeit c (in Zahl und Einheit; die halbe deshalb, weil Weber zu Unrecht im Leitungsdraht einen gleichen, negativen und positiven Strom in entgegengesetzter Flußrichtung voraussetzte [WIEDERKEHR, 1960d]). Weber zog aus diesem überraschenden Ergebnis keine Folgerungen. Dies tat erst J.C.Maxwell wenige Jahre später.

13.3 Versuche mit dem Induktionstelegraph

Der auf der Abb.13.1 gezeigte Geber ist ein freier Nachbau. Statt des Hufeisenmagneten besaß der ursprüngliche Geber einen langen, schweren Stabmagneten mit mäßiger Magnetisierung. Das erforderte damals ein solides, dreibeiniges, auf dem Boden stehendes Gestell aus Hartholz. Bei beiden Geräten aber wird eine an einem Hebel befestigte Spule mit einem Ruck vom freien Pol eines Magneten abgezogen und sofort wieder zurückgelassen. Durch Induktion entstehen zwei gleichgroße, entgegengesetzte Spannungsstöße, die am Empfänger durch einen Hin- und Herruck des drehfähigen Magnetstabes beobachtet werden können. Mit einem Umschalter kann man die Reihenfolge der beiden Spannungsstöße und damit den Drehsinn des Ruckens

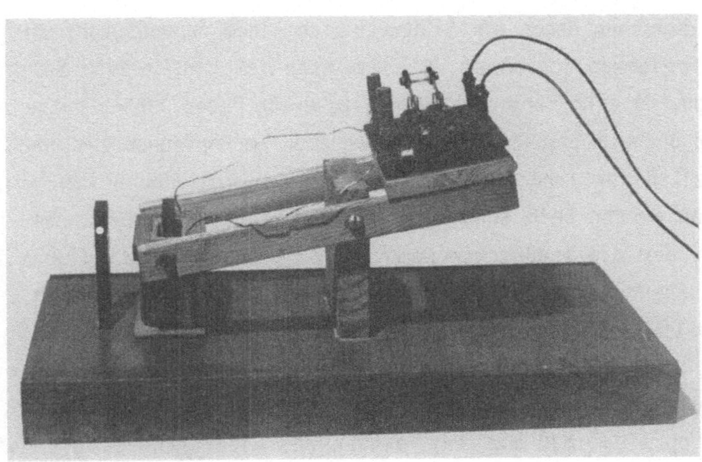

13.1 Nachbau des Induktionsgebers mit Umschalter und Hufeisenmagnet

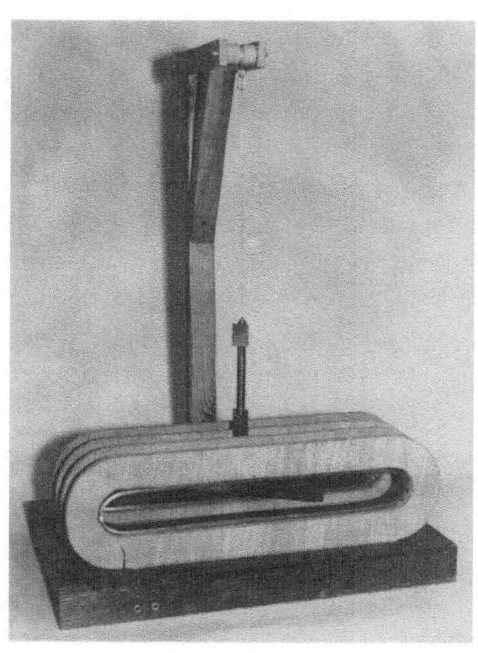

13.2 Nachbau des Empfängers, bestehend aus leicht beweglichem Stabmagnet
mit gekoppeltem Spiegel und zwei Spulen mit je einer Dämpfungswindung aus
kräftigem Kupferband

umkehren, womit die Ausschläge als "links" und "rechts" unterscheidbar
werden. Die Bewegungen der Induktionsspule des Gebers müssen schnell gegen die Schwingungsdauer des Magnetstabes sein, damit der Empfänger möglichst wenig ins Drehschwingen gerät. Weber nutzte übrigens diesen Effekt
für das Rufzeichen, indem er den ausschwingenden Stab an ein Glöckchen
schlagen ließ.

Der Empfänger (Abb.13.2) besteht, wie im Original, aus zwei länglichen
Spulen, zwischen denen ein Stabmagnet an einem dünnen Draht zwischen den
Spulen freibeweglich hängt. Mit dem Stab ist ein kleiner Spiegel starr
verbunden, um eine Fernrohrablesung zu ermöglichen. Weber hatte zur Dämpfung der Drehschwingungen des Stabmagneten im Empfänger zwei massive Kup-
ferschleifen ins Innere der Spulen gelegt. In diesen beiden Kurzschluß-
windungen werden beim Schwingen des Stabmagneten Wirbelströme erzeugt,
deren Felder die erwünschte Dämpfung erzwingen. Da bei diesem Telegra-
phentyp Spannungsstöße erzeugt werden, ist der Ausschlag am Empfänger
nach dem Ohmschen Gesetz vom Widerstand des Stromkreises abhängig. Dieser
dürfte in der Größenordnung von 100 Ohm gewesen sein und kann mit einem
entsprechenden Widerstand simuliert werden (Schaltbild Abb.13.3). Man
kann überprüfen, daß mit dem Wachsen des Widerstandes die Ausschläge
deutlich abnehmen. Wegen des erheblichen Trägheitsmomentes des Weberschen

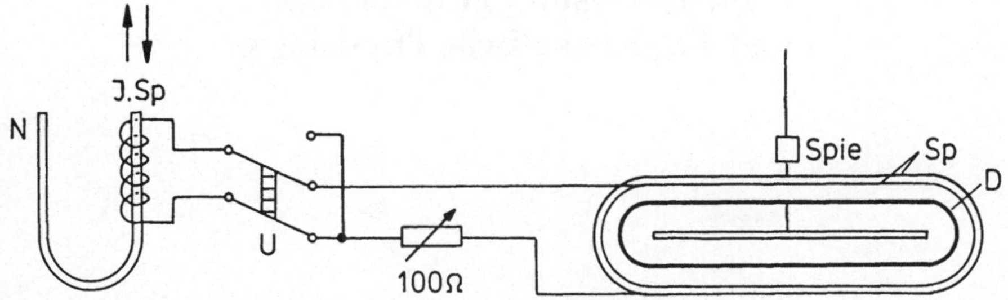

13.3 Schaltskizze des Telegraphen; Geber: N Hufeisenmagnet; I.Sp. Induktionsspule; U Umschalter; Empfänger: Sp Langspule, die zweite ist nicht gezeichnet; D Dämpfungsring aus Kupfer; Spie Spiegel, fest mit dem Stabmagnet verbunden; der Widerstand von 100 Ohm simuliert die Fernleitung

Empfängermagnetstabes sind die Ausschläge damals so klein gewesen, daß ein Fernrohr mit Spiegelablesung unverzichtbar war. Bei diesem kleineren Gerät ist diese Ablesehilfe entbehrlich.

14. Hermann von Helmholtz und die physikalische Physiologie

14.1 Biographisches

Hermann Ludwig Ferdinand Helmholtz wurde am 31.8.1821 in Potsdam geboren. Hermann besuchte die Volksschule des Potsdamer Lehrerseminars und ab 1830 das Gymnasium, an dem sein Vater unterrichtete. Dort entdeckte Hermann seine Zuneigung zum Fach Physik, das er für weit interessanter als Geometrie hielt [EBERT, 1949a]. Er leistete nur Durchschnittliches in Latein; später gestand er, daß er während des Lesens von Cicero und Vergil unter der Bank optische Strahlengänge für ein Fernrohr konstruiert habe [HELMHOLTZ, 1896 Ia]. Hermann hatte das Glück, einen besonders motivierenden Physiklehrer zu erhalten, der zudem mit dem Vater befreundet war [EBERT, 1949b]. Neben den alten Sprachen hatte sich Helmholtz auch Kenntnisse in Hebräisch, Französisch und Englisch, sogar in Arabisch erworben. Mit 17 Jahren verließ er das Gymnasium mit ausgezeichnetem Zeugnis, um Naturwissenschaften zu studieren [EBERT, 1949c]. Der Vater, dem solch ein Studium sinnlos erschien, riet ihm dagegen zur Medizin. Hermann sah das ein und begann am "Medizinisch-Chirurgischen Friedrich-Wilhelm-Institut" in Berlin, das nur sechs Taler monatliche Gebühren forderte, das Medizinstudium. Allerdings mußte er dafür die Verpflichtung eingehen, nach dem Examen acht Jahre als Militärarzt zu dienen.

Im Institut, wo Helmholtz 1838 als Eleve eintrat, herrschten rauhere Sitten, als er vom Elternhaus gewohnt war. Er entwickelte Verhaltensweisen, eine Art "Vornehmheit", um sich den alltäglichen Bedrängnissen durch robuste, trinkfreudige Kameraden zu entziehen. Man hielt ihn für ungesellig, respektierte aber seinen Verstand [EBERT, 1949d]. Die Arbeitsanforderungen im Institut waren enorm.

Der Mediziner J.Müller, ein Vertreter der vitalistischen Richtung der Physiologie (Existenz einer Lebenskraft), war sein Lehrer. Gemeinsam mit seinen Studienkameraden E.Du Bois-Reymond und E.W.v.Brücke, zu denen er lebenslang Freundschaft hielt, überwand er später Müllers Auffassung und bereitete den Weg für eine streng physikalisch-chemisch orientierte Physiologie. Wegen seiner Liebe zu Büchern erhielt er einen Posten als Bi-

bliotheksgehilfe und nutzte ihn für seinen Wissensdrang [EBERT, 1949e].
1842 legte Helmholtz seine Doktorprüfung mit der Dissertation "De Fabrica
Systematis nervosi Evertebratorum" (Über den Bau des Nervensystems der
wirbellosen Tiere) ab, einer Arbeit, die in der Nervenphysiologie einen
hohen Rang einnahm und auf eigenen, experimentellen Forschungen mit einem
selbstkonstruierten Mikroskop beruhte [EBERT, 1949f].

Nach dem Examen wurde er zunächst als Chirurgus an die Charité in Berlin geschickt, um kurze Zeit darauf nach Potsdam versetzt zu werden. Als
Assistent des Regimentsarztes Branco durfte er ein Laboratorium einrich-
ten und die Wärmeerzeugung bei Muskelbewegungen von Fröschen untersuchen
[EBERT, 1949g].

1845 legte Helmholtz in Berlin sein medizinisches Staatsexamen mit
sehr guter Beurteilung ab, aber der Titel "Operateur" wurde ihm versagt,
weil er bei Operationen gelegentlich ohnmächtig wurde. Er trat der Physikalischen Gesellschaft in Berlin bei, obwohl sein Vater das physikalische
Interesse und die experimentelle Einstellung des Sohnes mißbilligte und
versuchte, ihn auf den "rechten Weg der Forschung" zurückzuführen, den
der Vater durch Schelling und Hegel für vorgegegeben hielt [EBERT, 1949h]
(siehe Kap.12.2). Noch während seiner Dienstverpflichtung erhielt Helmholtz einen Ruf an die Akademie der Künste in Berlin als Anatom (1848).
Diese Stelle konnte er nur mit Fürsprache A.v.Humboldts, der die vorzei-
tige Befreiung von der Militätpflicht empfahl, antreten [EBERT, 1949i].
Bereits 1849 nahm er - gerade verheiratet mit Olga v. Velten - einen Ruf
auf eine Physiologie-Professur in Königsberg an.

Als junger Professor unternahm er seine erste Auslandsreise nach England (1853). Er lernte in Hull J.Tyndall und in London M.Faraday kennen.
Tyndall hatte Helmholtzsche Schriften ins Englische übersetzt und war ihm
sehr verbunden. Noch oft besuchte er England und freundete sich mit
W.Thomson (Lord Kelvin, Kap.16) an, dessen Lebensart er bewunderte. Er
schrieb nach Königsberg: "Berlin ist an Umfang und Kulturmitteln ein Dorf
gegen London!" [EBERT, 1949j].

Einen Ruf nach Kiel (1853) lehnte er ab. Als aber seine Frau zunehmend
kränkelte, weil ihr offenbar das ostpreußische Klima nicht zusagte, bemühte sich Helmholtz um eine Veränderung. Er bewarb sich in Bonn, benötigte aber wieder die Protektion A.v.Humboldts, um zum Ziel zu kommen.
1855 endlich siedelte er als Professor für Anatomie an den Rhein über
[EBERT, 1949k]. Nach kurzem Wirken in Bonn bemühte sich die Universität
Heidelberg erfolgreich, Helmholtz eine Professur, wieder für Physiologie,
zu übertragen. 1858 zog er nach Heidelberg, wo eine fruchtbare Zusammenarbeit mit R.Bunsen und G.Kirchhoff begann [EBERT, 1949l]. Wieder warfen
ihn familiäre Sorgen zurück. Kurz aufeinander starben sein Vater und sei-

ne Frau. 1861 heiratete er ein zweites Mal. In Bonn und Heidelberg wurde er in der Öffentlichkeit durch viele Vorträge bekannt, seine wirtschaftlichen Verhältnisse entwickelten sich erfreulich. Eine Reihe von Ehrungen erreichte ihn: 1858 erhielt er einen niederländischen Orden, 1860 die Ehrendoktorwürde der Berliner Universität, 1865 lehnte er Rufe nach Wien und nach Bonn ab. Fast hätte er eine Berufung nach Oxford an das Clarendon-Laboratorium erhalten, aber die Fakultät konnte sich doch nicht für einen Ausländer entscheiden [KURTI, 1987].

Durch den Tod von G.Magnus in Berlin (1870) wurde der angesehendste Lehrstuhl für Physik in Deutschland frei, für den nur G.Kirchhoff und, mit Bedenken, Helmholtz in Frage kamen. E.Du Bois-Reymond, mit Helmholtz bekanntlich seit Studienzeiten befreundet, leitete die Berufungsverhandlungen in Berlin und war erleichtert, als der um drei Jahre jüngere Kirchhoff aus Kollegialität gegenüber Helmholtz auf die Berufung verzichtete. Ab 1871 wirkte Helmholtz in Berlin und erhielt das doppelte des Gehalts, das der Planstelle entsprach [EBERT, 1949m]. Er hatte den Höhepunkt seiner Autorität als Wissenschaftler erreicht.

1882 wurde Helmholtz in den erblichen Adel erhoben. Helmholtz litt unter der Last der unzähligen Amtspflichten, die ihm aufgeladen wurden. Er kränkelte und wollte er sich gern von seinen ungeliebten Lehraufgaben zurückziehen, um mehr Zeit für die Betreuung seiner Schüler zu bekommen. Schon längere Zeit reifte in ihm der Plan, eine "Physikalisch-Technische Reichsanstalt" aufzubauen, an der es - für ihn maßgeschneidert - keine Lehrverpflichtung gab. 1886 waren die Planungen abgeschlossen, W.Siemens stiftete Grundstück und Anfangskapital, so daß v.Helmholtz 1888 das Amt als Präsident antreten konnte [EBERT, 1949n].

Auf intensives Bitten der Reichsregierung reiste v.Helmholtz 1893/94 mit Frau in die USA, um auf dem Elektrikerkongreß in Chicago die Interessen des Reiches wahrzunehmen. Auf der Rückpassage erlitt er einen schlimmen Unfall mit Kopfverletzungen, dessen Folgen er wegen der notdürftigen Behandlung an Bord nicht mehr überwinden sollte. Er starb am 8.9.1894 in Berlin [EBERT, 1949o].

14.2 Wissenschaftliche Leistungen

Helmholtz hat keine mathematische und physikalische Universitätsprüfung abgelegt, so daß man ihn in diesen Fächern als Autodidakt ansehen kann. In der Bibliothek des Friedrich-Wilhelm-Instituts kamen ihm die Originalwerke von Euler, J.Bernoulli, d'Alembert und Lagrange in die Hände, und er vervollkommnete so seine mathematischen Kenntnisse. Durch Untersuchungen über die Wärmeerzeugung bei Muskelbewegungen wurde er aus medizinischen Beobachtungen - ähnlich wie vor ihm der Arzt R.Mayer - zum Prinzip der Erhaltung der Energie hingeführt. Immer mehr nahm dieses Thema seine Aufmerksamkeit in Anspruch. Am 23.7.1847 hielt er seinen ersten Vortrag in der Berliner Physikalischen Gesellschaft mit dem Titel "Über die Erhaltung der Kraft". Dieser Vortrag begründete seinen Ruhm. Helmholtz stellte sich hier als tiefblickender theoretischer Physiker vor. Die Umwandlung der Energie in ihre verschiedenen Erscheinungsformen, auch die der Wärme, wurden hier zum erstenmal mathematisch erfaßt. J.Chr.Poggendorff lehnte als Herausgeber von "Poggendorffs Annalen" die Veröffentlichung jedoch mit der Begründung ab, daß sie zu theoretisch sei und der experimentellen Grundlegung entbehrte. Auch die Empfehlungen von G.Magnus nutzten nichts. Deshalb bot er das Manuskript dem Verlag C.A.Reimer an, legte Gutachten von J.Müller und dem Mathematiker C.G.Jakobi vor und erreichte noch im Jahr 1847 den Druck [EBERT, 1949p]. Helmholtz kannte zwar die experimentellen Arbeiten von J.P.Joule, aber nicht die des genannten R.Mayer (1814-1878). Als Helmholtz später die Gedankengänge Mayers in ihrer ganzen Tragweite erfaßte, wies er darauf hin, daß Mayer der erste war, der die Energieerhaltung aussprach und das Wärmeäquivalent berechnete [HELMHOLTZ, 1896 Ib]. Auf der Naturforscherversammlung 1868 in Innsbruck hielten Mayer und Helmholtz Vorträge über das Energieprinzip. Sie haben sich nach der Tagung im besten Einvernehmen verabschiedet [EBERT, 1949q].

In Königsberg trieb er weitere physiologisch-physikalische Forschung. Er maß die Geschwindigkeit der Nervenleitung bei Fröschen und erhielt 30 bis 50 m/s, wobei das Problem der Kurzzeitmessung im Millisekundenbereich auftrat. [EBERT, 1949r]. Angeregt durch die Tatsache, daß Katzen- und Eulenaugen in der Dämmerung leuchten, beschäftigte sich Helmholtz mit der Physiologie des Sehens. Um in das Innere des lebenden Auges blicken zu können, erfand er den *Augenspiegel* (1851), die wohl populärste Arbeit von Helmholtz [HELMHOLTZ, 1888]. Die Schwierigkeit, ins Auge zu sehen, besteht darin, daß das Augeninnere beleuchtet werden muß, ohne daß der Beobachter durch die Lampe behindert wird. Im dritten Abschnitt wird der Augenspiegel nachexperimentiert [EBERT, 1949s].

Die Beschäftigung mit der Akustik, die gleichfalls im dritten Abschnitt durch den Nachbau der *Doppelsirene* angesprochen wird, fiel vorwiegend in die Heidelberger Periode. 1860 faßte er den Plan, ein Lehrbuch über die Akustik, die "Tonempfindungen" [HELMHOLTZ, 1862], zu schreiben. Er untersuchte Tonleitern in natürlicher und temperierter Stimmung, fand erstere, die auf dem Verhältnis kleiner, ganzer Zahlen beruht, viel überzeugender und wollte die Musiker, allerdings vergeblich, von den Klangvorteilen dieser ungebräuchlichen, altertümlichen Stimmung überzeugen. Auch M.Planck, 1889 in Berlin zur Prüfung eines rein gestimmten Harmoniums veranlaßt, fand natürliche Akkorde matt und ausdruckslos [PLANCK, 1948]. Zu diesen Untersuchungen verwandte er die "Helmholtzschen Resonatoren", birnenförmige, hohle Körper, die genau auf einen Ton abgestimmt waren. Mit diesen erforschte er den Anteil der Oberschwingungen in den Tönen der verschiedenen Musikinstrumente [EBERT, 1949t]. G.S.Ohm hatte 1843 in Nürnberg mathematische Vorarbeit geleistet.

In der Berliner Zeit nach 1871 entwickelte Helmholtz hydrodynamische Gleichungen, welche die Wirbelbewegung betreffen. Sie sind auch für die Aerodynamik und so für die Meteorologie von Bedeutung. Zur Veranschaulichung von meterologischen Zyklonen benutzte er ein Wassergefäß mit Bodenausfluß, bei dem trichterförmige Wirbel entstehen [HELMHOLTZ, 1896, IIa]. In diesem Zusammenhang versuchte er die Schwierigkeiten der Wettervorhersage physikalisch zu begründen: "Es ist ja allgemein bekannt, daß man zwar Ebbe und Flut, auch in ihrer zu erwartenden Höhe, sehr genau voraussagen kann, das Wetter aber nicht, obwohl seit vielen Millionen Jahren der Jahres- und Tageslauf der Erde in gleicher Weise stattfindet". Seine Begründungen griffen der modernen Chaostheorie vor. Er schrieb: "Überhaupt ist zu bemerken, daß wir nur solche Vorgänge in der Natur vorausberechnen und in allen beobachtbaren Einzelheiten verstehen können, bei denen kleine Fehler im Ansatze der Rechnung auch nur kleine Fehler im Endergebnis hervorbringen. Sobald labiles Gleichgewicht sich einmischt, ist diese Bedingung nicht mehr erfüllt." [HELMHOLTZ, 1896 IIb] Und: "Die praktische Bewährung des Satzes vom zureichenden Grunde gelingt hier ebensowenig wie bei Buridans Esel zwischen zwei Krippen" [HELMHOLTZ, 1896 IIc] (zur Erinnerung: Ein Esel, im gleichen Abstand zwischen zwei völlig gleichwertige Heukrippen gestellt, kann sich nicht entscheiden, welchen er bevorzugen soll; damit wollte der Scholastiker J.Buridan, ~1300-1358, die damalige Auffassung über die Willensfreiheit ad absurdum führen). Allerdings war er sich der Weitsicht seiner Aussage doch nicht ganz bewußt, denn an späterer Stelle räumte er dem "Laplaceschen Dämon", dem Übergeist, der alle Ursachen kennt und verarbeiten kann, doch wieder Chancen ein, alles künftige physikalische Geschehen zuverlässig vorauszuberechnen [HELMHOLTZ, 1896 IId].

Helmholtz erkannte als erster die Auflösungsbedingungen des Mikroskops und stellte eine einfache, in jedem Optikpraktikum verwendete Formel auf. Sie sagt aus, daß man mit einem Mikroskop grundsätzlich keine kleineren Abstände als ungefähr eine halbe Lichtwellenlänge auflösen kann [EBERT, 1949u].

Helmholtz entfachte die Diskussion über das "Webersche Gesetz" und die Elektrodynamik in der auf dem Festland gebräuchlichen Form. Er machte seine Schüler mit den schwer verständlichen Maxwellschen Anschauungen vertraut und bereitete so den Erfolg von H.Hertz vor, der die Existenz elektromagnetischer Wellen 1888 nachweisen konnte.

Helmholtz war einer der vielseitigsten Naturwissenschaftler im 19.Jahrhundert. Seine Spuren, die er in der Wissenschaft hinterlassen hat, reichen von der Ästhetik und Philosophie über Mathematik, Physik und Physiologie bis hin zur Medizin. Er war im neugegründeten Deutschen Reich Repräsentant und Organisator der Wissenschaft. Als Ideal der Naturforschung erschien ihm, alle Phänomene mechanisch zu erklären, und so vertrat er ein entschieden mechanistisches Weltbild. In seiner humanistischen Grundeinstellung sah er in der Wissenschaft eine völkerverbindende Aufgabe.

14.3 Versuche zur physikalischen Physiologie

14.3.1 Der Augenspiegel

Um in ein lebendes Auge blicken zu können, müssen zwei Bedingungen erfüllt werden: Einmal muß die Netzhaut beleuchtet werden, wobei das Licht nur durch die Pupille dringen kann; weiterhin ist die Brechkraft der Augenlinse zu berücksichtigen, um ungehindert auf den Augenhintergrund blicken zu können. Störend ist der Beobachter selbst, der die Aufstellung der erforderlichen Leuchte unmöglich macht.

Die Beleuchtung des Auges löste Helmholtz mit einer Linse (hier: f=90mm), die eine Lichtquelle (hier: Experimentierleuchte mit großem Kondensor) auf der Pupille abbildet. Die Linse hat hier die Funktion einer *Kondensorlinse* (Abb.14.1; gestrichelter Strahlengang). Weiterhin stellt die Linse gemeinsam mit der Augenlinse ein System hoher Brechkraft dar, welches die Retina etwa in der Brennweite der Vorsatzlinse im Raume vor

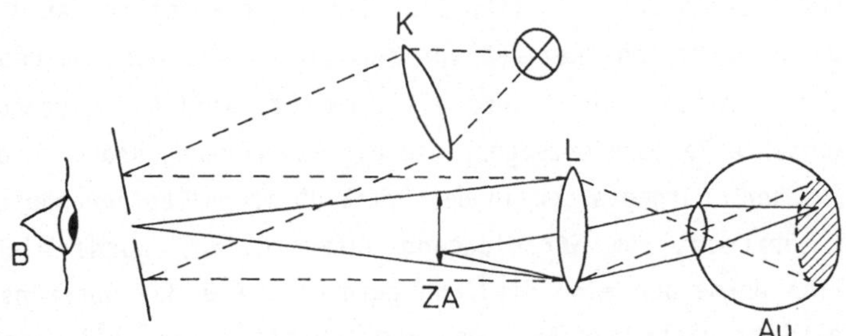

14.1 Strahlengang des Augenspiegels; K Kondensor; B Beobachter; L Linse; Au simuliertes Auge; ZA Zwischenabbildung der "Retina"

14.2 Nachbau des Augenspiegels mit physikalischem Experimentiermaterial;
hinter der "Pupille" (rechts) ist der Beleuchtungskegel zu sehen; (links)
Lochspiegel

der Linse abbildet; in dieser Funktion ist die Linse aber ein *Objektiv*
(Abb.14.1; durchgezogener Strahlengang). Wegen dieser *Doppelfunktion* der
Linse wäre aber die genannte Leuchte gerade dorthin zu plazieren, wohin
sich auch der Beobachter begeben müßte, um die vor der Linse befindliche
Zwischenabbildung sehen zu können. Diese gegenseitige Störung vermied
Helmholtz durch Verwendung eines *Lochspiegels* (Hohl- oder Planspiegel).

Die nachgebaute Anordnung zeigt Abb.14.2. Allerdings wurde kein
menschliches Auge betrachtet, sondern ein simuliertes, das aus einer Linse mit der Brennweite f=35mm (an Stelle von 22mm) und einem in der Brennweite stehendem Schirm besteht (Abb.14.2 rechts). Die "Retina" wurde auf
Millimeterpapier andeutungsweise aufgemalt, um die Vergrößerung des Augenspiegels zu demonstrieren. Außerdem hat dieses "Ersatzauge" den Vorzug, daß es keine Bewegungsunruhe zeigt. Weil es vom weiteren optischen
Aufbau getrennt aufgebaut ist, kann man es, wie ein wirkliches Auge, in
die verschiedensten Positionen verschieben. Auf der "Retina des Auges"
der Abb.14.2 sieht man eine kreisrunde ausgeleuchtete Fläche. Schaut nun
der Beobachter durch das Loch (Abb.14.2 links), erkennt er das Zwischen-
bild der ausgeleuchteten "Retina" vor der Linse. Wie auch Helmholtz bemerkte, ist der Aufbau schwieriger als vermutet, weil die Linsenoberflä-
chen unerwünschte Reflexe erzeugen, die die Beobachtung stören und nahezu
unmöglich machen. Entgegen den in der Optik üblichen Gepflogenheiten, alle Linsen senkrecht zum Strahlengang aufzustellen, wurde hier durch
Schrägstellen derselben eine Stellung gefunden, die das unerwünscht reflektierte Licht nicht ins Auge des Beobachters fallen läßt, wobei die
Verwendung reflexgeminderter (vergüteter) Linsen vorteilhaft ist.

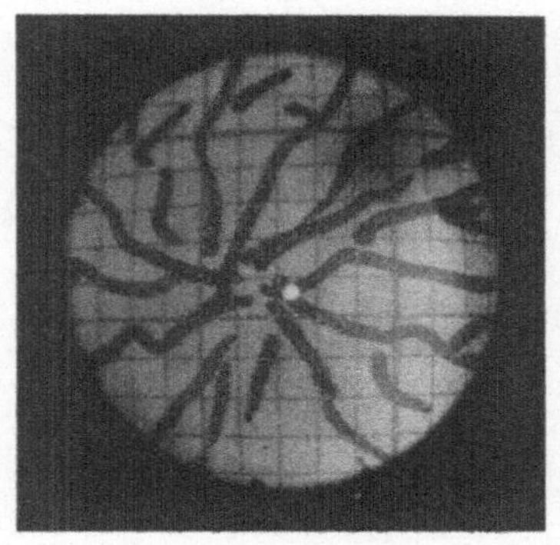

14.3 Photographie der "Netzhaut" durch das Loch des Augenspiegels

Das Auge ist durch einen Photoapparat ersetzbar; Abb.14.3 zeigt das Bild, welches mit der Anordnung der Abb.14.2 angefertigt worden ist.

14.3.2 Die Doppelsirene

Die Skizze der Doppelsirene hat Helmholtz mehrfach veröffentlicht [HELMHOLTZ, 1896 Ic u. HELMHOLTZ, 1862] (Abb.14.4.). Das "Museo della Scienza e Tecnica" in Mailand und die Universität Heidelberg besitzen eine originale Doppelsirene. Mit ihr hat Helmholtz die Physik des Hörens

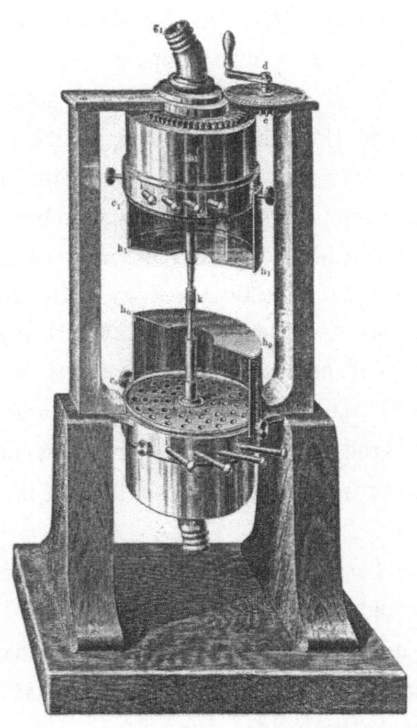

14.4 Doppelsirene von Helmholtz [HELMHOLTZ, 1896 Ic]

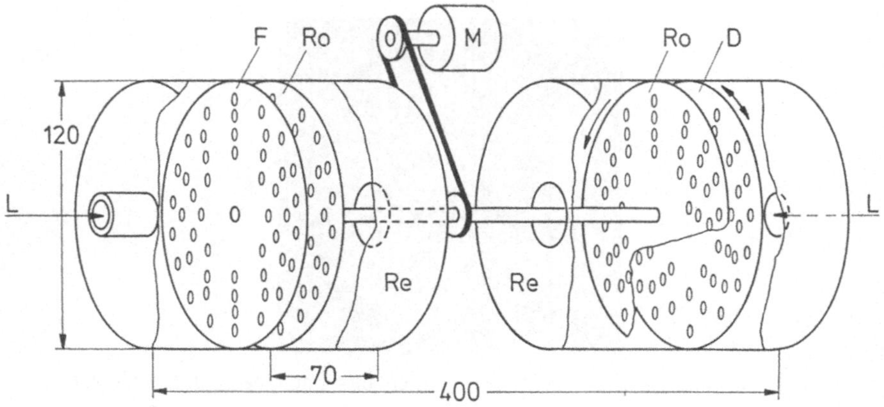

14.5 Schematischer Aufbau der Doppelsirene; F feste Lochscheibe; Ro rotierende Lochscheiben; M Motor; D langsam drehbare Lochscheibe; Re Resonatoren; L Luftzufuhr; Maße in mm

erläutert. Da die Anordnung nicht sogleich durchsichtig ist, wird sie durch eine schematische Skizze (Abb.14.5) erläutert.

Zwei Lochscheiben (Ro/Ro) sitzen auf einer Achse, die (im Nachbau) durch einen kleinen Elektromotor M gedreht wird (Helmholtz verfügte über solche Motoren nicht und ließ die Lochscheiben in damals üblicher Weise schräg durchbohren, damit sie nach dem Turbinenprinzip in Rotation geraten). Dicht vor den rotierenden Scheiben sitzen gleichgebaute, ruhende Scheiben. Das links sichtbare Scheibenpaar hat vier Reihen von Löchern mit der Lochzahl 8, 10, 12 und 18, das rechte Scheibenpaar dagegen vier Reihen mit 9, 12, 15 und 16 Löchern. Um die Skizze nicht zu komplizieren, wurde ein Mechanismus, mit dem man wahlweise die vier Lochreihen öffnen und schließen kann, nicht gezeichnet; am Nachbau (Abb.14.6) kann man kleine Stifte erkennen, die diese Schließringe betätigen. Vor jeder rotierenden Lochscheibe sitzen Resonatoren Re, die aufeinander gerichtete Öffnungen haben, aus der die Klänge nach außen dringen. Ohne diese Resonatoren, die ungefähr auf den Grundton abgestimmt sind, funktionieren die Versuche schlecht, weil Lochscheibentöne auf grund ihrer Entstehung besonders obertonreich sind und das Heraushören des Grundtones erschweren. Eine Drehzahl der Sirene, die bei der Achtlochreihe etwa 200Hz erzeugt, hat sich bewährt.

Nun hat der rechte Lochscheibenkasten eine Besonderheit: Man kann den Zylinder D (Abb.14.5 und 14.6 rechts) mit der Hand langsam drehen. Damit ist die Schallwelle der rechten Sirene in ihrer Phase verschiebbar, bei gleichmäßiger Drehung die Frequenz geringfügig verstimmbar.

Beide Lochscheibenkästen werden werden mit einer Windmaschine an den Stellen L mit Luft versorgt.

14.6 Nachbau der Doppelsirene; die Sirene läßt alle akustischen Versuche,
die Helmholtz angab, zu

Versuche mit der Doppelsirene

a) Man beginne mit der Öffnung der Achterreihe, die im Zusammenhang mit
der konstanten Drehzahl den Grundton hören läßt. Dann öffne man die folgende Zehnerreihe, die bei einem Frequenzverhältnis 10/8=5/4 gerade eine
Ton erklingen läßt, der bezüglich zum Grundton eine große Terz höher ist.
Anschließend öffne man nach dem Schließen der Zehnerreihe die Zwölferrei-
he. Das Frequenzverhältnis ist jetzt 12/8=3/2, was einer Quinte entspricht. Das gemeinsame Anspielen aller drei Reihen läßt einen natürlich
gestimmten *Dur-Akkord* entstehen.

b) Nun kann man die rechte Sirene einbeziehen. Die Sechzehnerreihe ermöglicht in Kombination mit der Achterreihe eine *Oktave*; natürlich ist das
auch mit der Achtzehner- und der Neunerreihe möglich. Auch gleiche Töne
(Prime) sind mit beiden Zwölferreihen erzeugbar.

c) Jetzt nutzte man die Möglichkeiten des rechten Kastens. Diesen kann
man so verdrehen, daß die Druckhalbwelle des einen Tones auf die Druckhalbwelle der anderen fällt; dann interferieren die Wellen konstruktiv
und der Ton schwillt an. Fällt aber Druck- mit Unterdruckhalbwelle zusammen, schwächt das den Ton (destruktive *Interferenz*). Zum leichteren Hören
benutze man für diesen Versuch zunächst gleiche Töne, danach die Oktave
und andere Intervalle.

d) Wenn man dagegen den Zylinder gleichmäßig dreht, addiert sich dessen
Drehfrequenz zu der des Rotors, was eine Frequenzverstimmung des rechten
Sirene bedeutet; dann hört man akustische *Schwebungen*.

15. Werner von Siemens und das dynamoelektrische Prinzip

15.1 Biographisches

Werner Siemens wurde am 13.12.1816 in Lenthe, einem kleinen Ort in der Nähe Hannovers, geboren. Sein Vater war dort Gutspächter. Anfangs erhielt er mit seinen Geschwistern Hausunterricht, um die Aufnahme ins Gymnasium in Lübeck vorzubereiten. Ohne Abitur verließ er mit 17 Jahren das Gymnasium, wo ihm zwar Mathematik und Physik großen Spaß gemacht hatten, er in den alten Sprachen aber weniger Erfolg gehabt hatte. Nach einer schwierigen Aufnahmeprüfung trat er in ein Magdeburger Artillerieregiment ein und erhielt später eine dreijährige Ausbildung an der Vereinigten Artillerie- und Ingenieurschule in Berlin, wo zu dieser Zeit M.Ohm, der Bruder von G.S.Ohm (siehe Kap.12), als Mathematikprofessor unterrichete. Siemens nutzte in Berlin die Möglichkeiten zur wissenschaftlichen und technischen Weiterbildung. Mit 22 Jahren wurde er Offizier und blieb elf Jahre im Leutnantsrang. Einige Vorfälle erschwerten ihm die militärische Karriere. So wurde er nach Teilnahme an einem Duell zu Festungshaft verurteilt. Die Begnadigung des Königs nahm er nur unwillig an, weil er in der Zelle Experimente nicht beenden konnte. Weiterhin unterschrieb er als Offizier fahrlässigerweise die Resolution eines politischen Außenseiters namens J.Ronge, der laute Reden gegen "Reaktion und Muckertum" hielt.

Im Vertrauen auf sein technisches Talent gründete Siemens 1847 mit seinem Vetter G.Siemens, Justizrat in Goslar, und dem Mechanikermeister J.G.Halske die Firma Siemens & Halske, Berlin, um sich dem Bau von Telegraphenapparaten zu widmen. Klugerweise schloß der Gesellschaftsvertrag andere Arbeiten aber nicht aus. 1849 nahm er seinen Abschied vom Militär, weil Revolution und Krimkrieg einen unerwarteten wirtschaftlichen Aufschwung der Firma zur Folge hatte, der die dauernde Anwesenheit des Firmenchefs erforderte. 1860 wurde er für seine Verdienste um die Nachrichten- und Meßtechnik von der Berliner Akademie zum Doctor honoris causa promoviert. 1864 ließ er sich als Mitbegründer der "Deutschen Fortschrittspartei" zum preußischen Landtagsabgeordneten des Wahlkreises Solingen wählen und stimmte in dieser Eigenschaft gegen die Heeresreform-

vorschläge des Kriegsministers Roon. Er schrieb am 11.8.1866 an seinen
Bruder Wilhelm nach London: "Jetzt bin ich wieder in der parlamentari-
schen Tretmühle....Es ist schwer, immer die richtige Straße innezuhalten,
welche weder die nationalen noch die liberalen Interessen kompromit-
tiert..." [MATSCHOSS, 1916a]. Und am 25.9.1866: "Damit soll nun
aber...meine politische Laufbahn... abgeschlossen sein. Ich werde mein
Mandat niederlegen...Ich muß mich den nächsten Winter ganz dem Geschäft
widmen und die Politik aus den Gedanken verbannen" [MATSCHOSS, 1916b].
Der Verzicht auf die politische Karriere fiel zeitlich mit der letzten
und bedeutendsten wissenschaftlich-technischer Leistung zusammen - Siemens war bereits 50 Jahre alt -, nämlich mit der Entwicklung des dynamoelektrischen Prinzips, welches das Tor zur Starkstomtechnik öffnete und
der Firma einen neuen, mächtigen Tätigkeitsbereich gab. 1903, lange nach
dem Tod von W.v.Siemens, entstanden durch Fusion die Siemens-Schuckert-
Werke, die sich allein der Starkstromtechnik widmeten.

Siemens erkannte bald die Bedeutung der neuen Elektrotechnik und regte
1881 an, an den Technischen Hochschulen Lehrstühle für Elektrotechnik zu
gründen. Mit H.v.Helmholtz hatte Siemens beachtlichen Anteil an der
Schaffung der internationalen elektrischen Maßeinheiten. Sein
Quecksilber-Widerstandsetalon fand in der Praxis weite Verbreitung. Siemens förderte gemeinsam mit H.v.Helmholtz die Gründung der Physikalisch-
Technischen Reichsanstalt (PTR), stiftete das dazu erforderliche Grundstück in Berlin-Charlottenburg nebst Anfangskapital und nötigte dadurch
den preußischen Staat, mit dem Bau 1886 zu beginnen (siehe Kap.14).

Der todkranke Kaiser Friedrich III., der die Industrialisierung Preu-
ßens und die Gründung der PTR als Kronprinz gefördert hatte, verlieh 1888
Siemens in Eile den preußischen Adel, ohne vorher das übliche Verlei-
hungsverfahren durchführen zu lassen. Allmählich zog sich W.v.Siemens -
hochgeehrt - aus der Geschäftsleitung zugunsten seines Bruders Carl zurück, schrieb seine "Lebenserinnerungen" [v.SIEMENS, 1956a] und gab
seine "Wissenschafliche und technische Arbeiten" in zwei Bänden heraus
[v.SIEMENS, 1889-91]. Am 6.12.1892 starb W.v.Siemens in Charlottenburg
(Berlin).

Da W.v.Siemens erst vier Jahre vor seinem Tode geadelt wurde, fallen
alle wissenschaftlich-technischen Leistungen in seine bürgerliche Zeit,
weshalb hier der Name "W.Siemens" verwendet wird, aber der Autor der
"Lebenserinnerungen" heißt "W.v.Siemens".

15.2 Wissenschaftliche Leistungen

W.v.Siemens findet in dem kurzbiografischen Buch von F.Krafft als "großer
Naturwissenschaftler" keine Erwähnung, in der "Geschichte der Physik" von
A.Hermann [HERMANN, 1978a] ist ihm dagegen ein Abschnitt gewidmet.

Siemens erkannte seine technische Begabung - wie er schrieb - bereits
bei der Artillerie. Konstruktionen erschienen ihm auch dort selbstverständlich und durchsichtig, wo seine Kameraden lange nachdenken mußten.
So geriet ihm ein Zeigertelegraphenapparat von C.Wheatstone in die Hände,
an dem er spontan Verbesserungsmöglichkeiten erkannte. Die Konstruktion
eines zuverlässigen Zeigertelegraphen wurde der Anlaß der Betriebsgrün-
dung 1847, bei der J.G.Halske die Fertigung übernahm. Solche frühen
Zeigertelegraphen der Telegraphenbauanstalt Siemens & Halske kann man im
Deutschen Museum und im Siemensmuseum, beide in München, besichtigen. Das
System bewährte sich aber nicht, deshalb stellte Siemens später auf das
Morsesystem um. Beim Bau von Telegraphenapparaten lernte Siemens, wie man
Elektromagnet und Anker bauen muß, damit man mit geringen elektrischen
Strömen eine möglichst große magnetische Wirkung erzielen kann. Er er-
kannte die Eigenschaften des magnetischen Kreises, dessen magnetischer
Widerstand durch Verwendung von geeignetem Eisen und konstruktiv durch
kleine Luftspalte bei großen Querschnitten zu minimieren ist.

Siemens sah aber auch, daß die erfolgreiche elektrische Telegraphie
weniger am Bau der Apparate hängt, sondern eher ein Problem des Kabelbaus
und des Kabellegens ist, was nur industriell zu bewerkstelligen ist. Die
erste größere Fernleitung legte die Firma Siemens & Halske 1848 von Berlin nach Frankfurt/M. mit selbst hergestellten, guttaperchaisolierten
Drähten. Weitere Kabellegungen in Rußland schlossen sich an. In diese
Zeit, in der die Firma intensiv mit der Telegraphie beschäftigt war und
Aufschwung nahm, fiel die Idee des Doppel-T-Ankers, die Werner erstmalig
in einem Brief seinem Bruder William in London 1856 mitteilte [HEINTZEN-
BERG, 1941]. 1857 war eine Modellmaschine mit etlichen Stabmagneten und
dem neuen Doppel-T-Anker fertig. Siemens erhoffte sich von der neuen Maschine die batteriestromsparende Verwendung als Rufinduktor für seine Te-
legraphenleitungen. Das Ergebnis muß ihn doch etwas enttäuscht haben,
denn er stellte das Modell unbeachtet weg. Neun Jahre später erinnerte er
sich daran und ließ es umbauen, indem er die Permanentmagnete durch
Elektromagnete ersetzte (Abb.15.1 oben).

Im Dezember 1866 hatte Siemens Erfolg. Er schrieb in seinen "Lebenserinnerungen" [v.SIEMENS, 1956b]: "Die Berliner Physiker (unter ihnen
Magnus, Dove, Rieß und Du Bois-Reymond) waren äußerst überrascht, als ich
ihnen im Dezember 1866 einen solchen Zündinduktor vorführte und an ihm

15.1 (oben) Experimentierdynamo von Siemens 1866/67; (unten) erste einge-
setzte Dynamomaschine mit Volleisenanker und Wasserkühlung zum Betrieb
von Bogenlampen 1868 (beider Standort: Deutsches Museum, München)

zeigte, daß eine kleine elektromagnetische Maschine (gemeint: Elektromotor) ohne Batterie und permanente Magnete, die sich in einer Richtung ohne allen Kraftaufwand und in jeder Geschwindigkeit drehen ließ, der entgegengesetzten Drehung einen kaum zu überwindenden Widerstand darbot und
dabei einen starken elektrischen Strom erzeugte."

Aus der Namensgebung "*dynamo*elektrische Maschine" geht hervor, daß
Siemens die vorsichgehende Wandlung von "Kraft" (gemeint: mechanische
Energie) in elektrische Energie verstanden hatte. Seine Widersacher meinten, daß die Stärke der erzeugten Induktionselektrizität "natürlich" allein von der Zahl und Größe der verwandten permanenten Magnete abhänge
und daß der Siemensinduktor schon deshalb nicht funktionieren könne, weil
er keine permanenten Magneten verwende. Eine Selbsterregung hielten sie
wegen des Energiesatzes für nicht möglich.

Am 17.1.1867, dem nächsten Sitzungstag der preußischen Akademie, trug
G.Magnus als Akademiemitglied die Ergebnisse von W.Siemens zur Veröffentlichung vor [Magnus, 1867]. Einige Zitate aus dieser Arbeit: "Bei elek-

tromagnetischen Maschinen tritt mithin eine dauernde Verminderung der Stromstärke ein, sobald der Apparat sich in Bewegung setzt. Diese Schwächung des Stromes durch Gegenströme ist (sehr) bedeutend...Wird eine solche Maschine durch eine äußere Arbeitskraft im entgegengesetzten Sinne gedreht, so muß der Strom der Kette dagegen durch ...die ihm gleichgerichteten inducirten Ströme verstärkt werden."..Und: "Die Richtung des Stromes...ist von der Polarität des rückbleibenden Magnetismus abhängig. Ändert man dieselbe vermittelst eines kurzen entgegengesetzten Stromes durch die Windungen des festen Magneten, so genügt dies, um allen...späteren Strömen die umgekehrte Richtung zu geben."..Und zum Schluß: "Der Technik sind gegenwärtig die Mittel gegeben, elektrische Ströme von unbegrenzter Stärke auf billige und bequeme Weise überall da zu erzeugen, wo Arbeitskraft disponibel ist".

Kurz nachdem Siemens über seine Forschungen in der Akademie berichten ließ, veröffentlichte Ch.Wheatstone - unabhängig von Siemens - eine ähnliche Maschine, die im Gegensatz zur Siemensschen als Nebenschlußmaschine geschaltet war. Für diese Schaltung gilt die Siemenssche "Regel" über die erforderliche Umkehr der Drehrichtung beim Übergang von Motor- zu Dynamobetrieb nicht, weil sich zwar im Dynamobetrieb die *Ankerstromrichtung* umkehrt, die *Stromrichtung im Stator* und damit die magnetische Remanenz aber erhalten bleibt. Beide gerieten in Streit über die "richtige" Schaltung, denn jeder versuchte vergeblich mit seinem Modell die Schaltung des anderen zu erproben. Wegen der unangepaßten Widerstandsverhältnisse und Windungszahlen mußten diese Versuche scheitern.

Es soll hier offen bleiben, welche Bedeutung die Patentanmeldung des Dänen Soeren Hjorth in England hatte, der 1851 und 1854 eine Vorstufe zur Selbsterregung konstruierte, indem er permanente Magnete durch Spulen in ihrer magnetische Kraft verstärkte. Es ist aus den Briefen von Siemens nicht festzustellen, ob er dieses Patent kannte [Hermann, 1978b]. Technische Folgen hat diese Erfindung aber nicht gehabt.

1868 baute Siemens die erste praktisch verwertbare, wassergekühlte Maschine zum Betrieb von Bogenlampen (Abb.15.1 unten). Erst nach der Erfindung der Eisenblätterung zur Verhinderung von Wirbelströmen durch Z.Th.Gramme und der Konstruktion des Trommelankers durch F.v.Hefner-Alteneck, einem Mitarbeiter von Siemens, war der Bau größerer Maschinen möglich, und die Starkstromtechnik konnte ihren Aufschwung nehmen.

15.3 Versuche zum dynamoelektrischen Prinzip

Der Einfall, die Versuche von Siemens zu wiederholen, ist nicht neu, Natalis [NATALIS, 1935] hat darüber berichtet. Teils sind die Versuche mit der Originalmaschine, die im Deutschen Museum in München steht, teils mit einem sehr ähnlichen Nachbau durchgeführt worden. Das Problem war dabei die unterschiedliche Anzeige der Meßgeräte, die einen zerhackten Gleichstrom nicht korrekt messen. In den hier vorgeschlagenen Versuchen wird ein Trommelanker benutzt, bei dem die genannte Schwierigkeit in den Hintergrund tritt. Die von Natalis gemessene Leistung war mit 50W etwa die gleiche der gezeigten Versuche.

15.3.1 Die Hauptschlußmaschine nach Siemens

Der Experimentiermotor, den die Fa. Leybold AG vertreibt, ist zur Demonstration des dynamoelektrischen Prinzips geeignet. Wird ein anderes Modell verwandt, ist darauf zu achten, daß dieses einen guten magnetischen Schluß hat, d.h. daß der Luftspalt zwischen Anker und Polschuhen klein ist. Die folgenden Angaben beziehen sich auf den oben genannten Experimentiermotor bei Verwendung des Trommelankers. Nach dem Schaltplan der Abb.15.2 baue man die Hauptschlußmaschine unter Verwendung der 250-Wdg.-Spulen auf. Die fertige Anordnung kann man auf Abb. 15.3 erkennen. Mit Hilfe eines Netzgerätes (0-15 V Gleichspannung) betreibe man die Maschine zunächst als Motor. Man beobachtet den "Gegenstrom", die Folge der Induktionsspannung des Ankers, wenn der Motor in Lauf kommt. Kurbelt man nun im Sinne von Siemens mit Hilfe des Vorgeleges in umgekehrte Drehrichtung, wächst der Strom an und übersteigt gegebenenfalls den anfänglichen Kurzschlußstrom. Der jetzt vorhandene Restmagnetismus sorgt dafür, daß sich die Maschine selbsterregen kann. Wenn man das Netzgerät fortläßt und die Klemmen der Maschine kurzschließt, ist beim Drehen in der umgekehrten Mo-

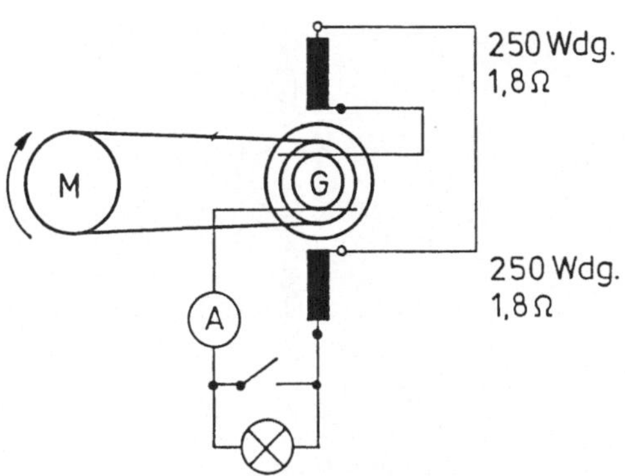

15.2 Schaltplan des Zündinduktors

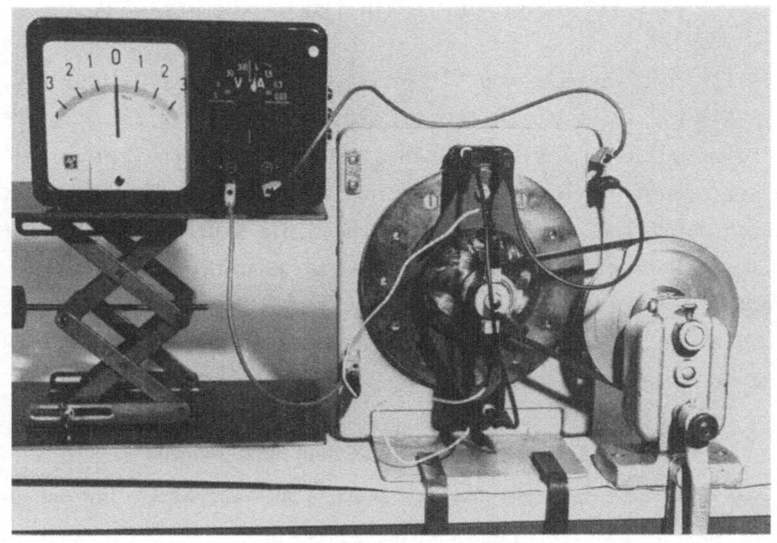

15.3 Nachbau des Zündinduktors

tordrehrichtung ein starkes Bremsmoment zu spüren; die Anzeige eines in
Reihe geschalteten Strommessers zeigt bis über 2 A. In Motordrehrichtung
ist nur die gewöhnliche Reibungsbremsung vorhanden, der Strom ist fast
null und eine Selbsterregung findet nicht statt. Das Öffnen des Stromkreises mit einem Schalter läßt wegen der Selbstinduktion der Anordnung
eine kleine Glühlampe (hier: 4 V, 0,3 A) aufblitzen.

15.3.2 Die Nebenschlußmaschine nach Wheatstone

Die elektrische Schaltung entspricht dem Schaltplan der Abb.15.4, während
die Abb. 15.5 den fertigen Aufbau zeigt. Zur Erregung müssen jetzt zwei
parallel geschaltete 1400-Windungsspulen verwandt werden. Wiederum ist
die Maschine auf richtigen Lauf als Motor zu überprüfen, weil man sich

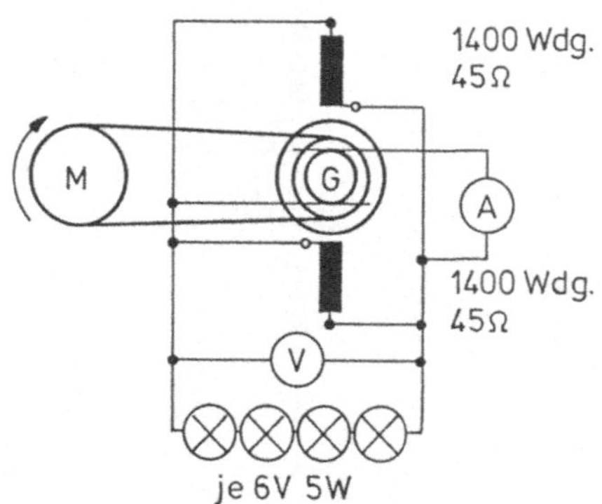

15.4 Schaltplan des Nebenschlußdynamos nach Wheatstone 1867

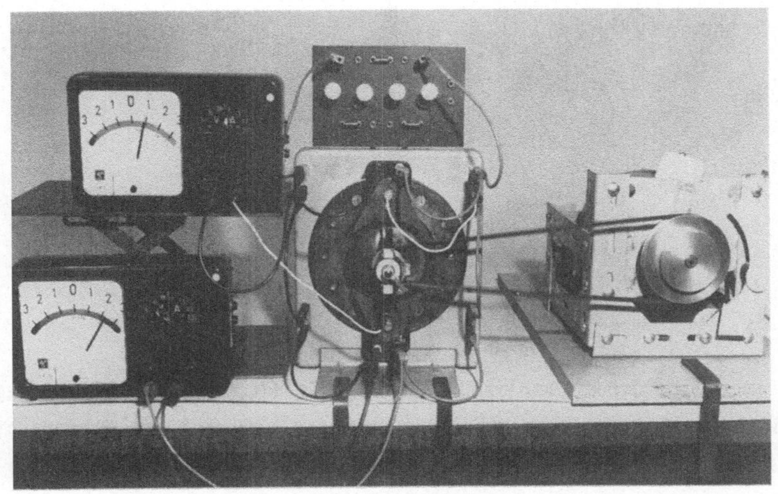

15.5 Nachbau des Nebenschlußdynamos; Leistung 40W

leicht beim Anschluß der Spulenbuchsen in der Stromflußrichtung irren
kann. Dreht man mittels des Vorgeleges die Maschine in der Motordrehrichtung, erregt sie sich selbst. Sie kann dann leicht 4 Glühlampen mit je 5W
versorgen, benötigt allerdings die Hälfte der erzeugten Leistung zur Ver-
sorgung der Erregungsspulen. So ist die Gesamtleistung etwa 40 W, was für
eine Handkurbel etwas viel ist. Deshalb wird hier zum Betrieb ein 150W-
Wechselstrommotor benutzt. Leistungsschwache Antriebsmotoren führen wegen
des Energiesatzes nicht zum Erfolg.

Bei dieser Schaltung ist die Unbestimmtheit der elektrischen Polung
leicht zu zeigen. Während des Betriebes kehre man die Polarität der Aus-
gangsklemmen mit Hilfe eines Netzgerätes um. Der Generator springt daraufhin in seiner Polarität ebenfalls um.

15.3.3 Die gemischt erregte Maschine

Bei einer gemischt erregten Maschine (Schaltplan Abb.15.6) sind beide Er-
regungsarten kombiniert. Diese Maschine ist als Motor nicht verwendbar,
weil die Erregungsspulen im Motorbetrieb gleiche magnetische Pole (z.B.
Nord/Nord) erzeugen. Im Dynamobetrieb dagegen entsteht die richtige Polung (z.B. Nord/Süd). Die Drehrichtung erhält man, wenn man zum Vormagne-
tisieren anfangs den Strom nur durch *eine* Spule schickt und die zweite
später geeignet zuschaltet.

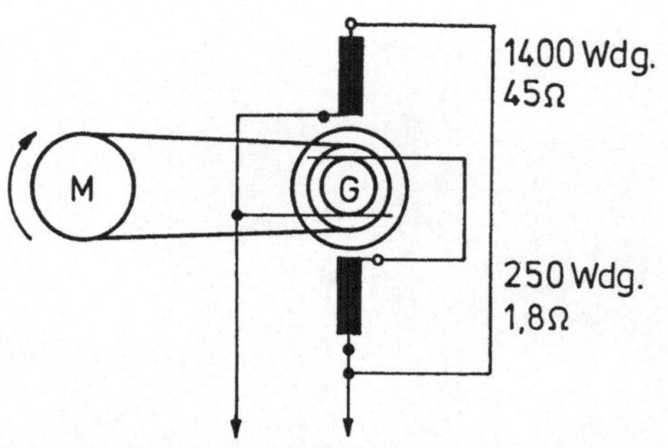

15.6 Schaltplan eines gemischt erregten Dynamos

Die entscheidende Überlegung bei der Schaltung von selbsterregten Maschinen ist die, wie man es erreichen kann, daß sich die Stromrichtung im *Stator* beim Umschalten von Motor- auf Generatorbetrieb wegen der erforderlichen Remanenz *nicht* ändert, obwohl sich die Ankerstromrichtung umkehren muß, weil das Beschleunigungsmoment zum Bremsmoment wird.

16. Lord Kelvin und präzise elektrische Meßmethoden

16.1 Biographisches

Lord Kelvin, zunächst William Thomson, ist am 26.6.1824 in Schottland geboren. Sein Vater James war am Belfast College Mathematiklehrer und wurde 1831 Mathematikprofessor an der Universität Glasgow, kurz nachdem seine Frau - Williams Mutter - gestorben war. Die Eltern hatten sieben Kinder, von denen William das vierte war. Sein Vater unterichtete ihn und einen Bruder erst selbst und erreichte, daß die beiden Söhne, noch nicht einmal zehn Jahre alt, an seinen und auch an anderen Mathematikvorlesungen teilnehmen durften. W. Thomson fand das ganz natürlich. Auch später waren seine Forderungen an die Bildung junger Menschen hoch, denn im Alter stellte er die pädagogische Forderung auf: Ein 12jähriger müßte seine Muttersprache fehlerfrei schreiben können und schon einigen Stil haben, er sollte auch Französisch lesen, Latein und einfache griechische Texte übersetzen können und auch etwas Deutsch beherrschen! Mit diesen notwendigen Voraussetzungen wäre jedem Schüler das Studium der Logik zu empfehlen [YOUNG, 1948a].

Im Alter von 12 Jahren begann Williams Interesse für Naturphilosophie und Elektrizität, was sich im Bau von Elektrisiermaschinen, Voltasäulen und Galvanischen Batterien ausdrückte. Als er 15 Jahre war, unternahm der Vater mit den Kindern eine Reise zum Kontinent. Über London ging es nach Southampton, Le Havre und mit dem Flußdampfer auf der Seine nach Paris, wo die Kinder ihr Französisch verbessern sollten. Nach einem Aufenthalt in der Schweiz reiste die Familie nach Deutschland, den Rhein abwärts und über Paris nach England zurück. Ein Jahr darauf kam William auf einer Deutschlandreise nach Koblenz, Mainz und Frankfurt und festigte dort seine Deutschkenntnisse.

Mit 17 Jahren besuchte Thomson das St.Peter's College in Cambridge. Dort erhielt er 1845 für Mathematik das beste Zeugnis des Jahres. Daraufhin durfte er sich für zwei Monate in Paris bei dem Mathematiker und theoretischen Physiker A.L.Cauchy und dem für seine Präzisionsmessungen bekannten Physiker H.V.Regnault aufhalten. Der Besuch in den Laboratorien

sollte für seine spätere wissenschaftliche Einstellung bleibende Bedeutung bekommen, weil er dort mit dem physikalischen Experimentieren erstmals in Berührung kam. 1846 erhielt Thomson als 22jähriger bereits einen
Lehrstuhl für "Naturphilosophie" (Physik) an der Universität in Glasgow,
den er über 43 Jahre innehaben sollte.

Neben seinen Grundlagenforschungen auf fast allen Gebieten der Physik
hatte sich Thomson auch das Ziel gesetzt, neue physikalische Kenntnisse
in der aufblühenden Technik anzuwenden und so Forschung und Praxis zu
verbrüdern. 1856 wurde er Direktor der Atlantic Telegraph Company und
konnte trotz anfänglicher Rückschläge 1866 das erste Transatlantikkabel
nach Neufundland erfolgreich verlegen. Für diese wissenschaftlich-
technische Großtat, die für Wirtschaft und Verkehr so bedeutsam war, wurde er 1866 zum "Sir" geadelt. Durch seine aktive Teilnahme an den Verle-
gungsarbeiten erwachte sein seemännisches Interesse. Er hatte die Probleme der Seefahrt erkannt, machte viele Erfindungen auf diesem Gebiet und
erwarb Patente.

Thomson war auch Unternehmer; so gründete er eine neue Firma, die zuletzt (1892) "Kelvin, Bottomley and Baird, Ltd." hieß. Diese Firma baute
elektrische Meßinstrumente und Magnetkompasse für eiserne Schiffe. Sie
galt als modernste Fabrik Schottlands, weil sie elektrisches Licht besaß
[YOUNG, 1948c]. Ihm machte die unternehmerische Tätigkeit große Freude,
so daß er Direktorenposten in mehreren Firmen ausfüllte, u.a. bei der Ko-
dak Company [YOUNG, 1948d].

Thomson hat viele Ehrungen erfahren: Er wurde Ehrendoktor der Univer-
sitäten von Cambridge, Oxford und Heidelberg, Präsident der Royal Society
Edinburgh, der British Association, der Institution of Electrical Engi-
neers und 1890 endlich der Royal Society London. Im Großbritannien der
Victorianischen Zeit war das Präsidentenamt dieser ehrwürdigen wissenschaftlichen Gesellschaft das angesehenste in der ganzen Welt. 1892 wurde
er durch Queen Victoria zum "Peer" erhoben. Seitdem hieß er "Lord Kelvin
of Largs", ein Name, der heute bevorzugt wird, wohl um ihn von anderen
Physikern namens Thomson sicher unterscheiden zu können. 1896 feierte er
seine 50jährige Professorenberufung und lud 2500 Gäste aus aller Welt
nach Glasgow. Bei dieser Gelegenheit hielt er eine Rede, die als Testa-
ment der klassischen Physik angesehen werden könnte. Sie rankte sich um
das Wort "failure" (Fehlschlag): Nach 55 Jahren des Studiums könne er immer noch nicht sagen, was elektrische und magnetische Kräfte sind. Es sei
ihm nicht gelungen, diese Kräfte gemeinsam mit der Optik auf die Mechanik
zurückzuführen [YOUNG, 1948e]. Auch das Michelsen-Morley-Experiment
(1881-1887) sei wie "eine dunkle Wolke am Himmel der Wellentheorie" und
helfe nicht weiter [YOUNG, 1948f]. Jene Worte machen deutlich, daß er

wußte, daß seine physikalische Grundauffassung, alle Naturvorgänge mechanisch erklären zu wollen, in eine Sackgasse geraten war.

1899 gab er seine Lehrtätigkeit auf und starb am 17.12.1907 auf seinem Landsitz in Netherhall. In den Annalen der Physik schrieb W.Wien einen wissenschaftlichen Nachruf [WIEN, 1908].

16.2 Wissenschaftliche Arbeiten

Seine wissenschaftliche Laufbahn begann sehr früh. Als Sechzehnjähriger studierte er Fouriers richtungsweisendes Werk "Théorie analytique de la chaleur". Mit den Erkenntnissen des Buches wollte er einen Streitartikel gegen die Auffassung eines Glasgower Mathematikers, eines Kollegen des Vaters, schreiben. Der Vater wollte aber Ärger vermeiden, indem er das Manuskript vorsichtshalber vor der Veröffentlichung dem Betroffenen zeigte. Dieser war, wie erwartet, anfangs verärgert; als er aber Williams Talent entdeckte, stimmte er der Veröffentlichung im Cambridge Mathematical Journal wohlwollend zu [YOUNG, 1948g].

16.2.1 Zur Thermodynamik

Durch S.Carnots berühmte Abhandlung "Réflexions sur la puissance motrice du feu..." (1824) wandte sich Thomson der Thermodynamik zu. Seine Forschungsergebnisse auf diesem Gebiet gelten als seine bedeutendste wissenschaftliche Leistung. Thomson war wie H.Helmholtz Anhänger des induktiven Methodenideals und überzeugt, daß "die Entdeckung der Gesetze durch induktive Verfahren auf Beobachtungen beruht" [YOUNG, 1948h]. Bei seinen thermodynamischen Untersuchungen fand er zunächst die Meinung Carnots überzeugend, daß bei der Erzeugung von mechanischer Energie die Wärme von einem höheren auf ein niedrigeres Temperaturniveau übergeht, sich ihre Menge aber nicht ändert. Auf einer Tagung in Oxford traf er J.P.Joule, der über Versuche mit dem Wasserrührer berichtete und die gegenteilige Auffassung vertrat. R.Clausius konnte in den Carnotschen Überlegungen den richtigen vom falschen Teil trennen und den 2.Hauptsatz der Wärmelehre formulieren. Thomson folgte den Clausiusschen Vorstellungen und vertiefte sie. Es gelang Thomson, die absolute Temperatur thermodynamisch zu definieren. 1851 legt er der Royal Society in Edinburgh die Schrift vor: "On the Dynamical Theory of Heat" [YOUNG, 1948i]. Die Übersetzung des Buches ins Deutsche erfolgte durch W.Block [BLOCK, 1914].

16.2.2 Zu den elektrischen Schwingungen

1853 legte Thomson der Glasgow Philosophical Society eine Schrift mit dem Titel "On Transient Electric Currents" (Über elektrische Einschwingströme) vor. Thomson konnte die Anregung, die er von Helmholtz über die Wahrscheinlichkeit der Existenz elektrischer Schwingungen erhalten hatte, aufgreifen und die elektrischen Größen Kapazität, Induktivität (und Widerstand) in einer einfachen Formel verbinden, die die zu erwartende Frequenz der elektrischen Schwingungen wiedergibt. Jeder Hochfrequenztechniker kennt sie in der heutigen Schreibweise als Thomsonformel ($C \cdot L \cdot \omega^2 = 1$) [YOUNG, 1948j]. 1859 gelang es W.Feddersen in Leipzig, hochfrequente, gedämpfte Oszillationen, die er mit Leydener Flaschen und langen Drähten erzeugte, mit Hilfe eines photographierten Drehspiegelbildes nachzuweisen und ihre Schwingzeit in der Abhängigkeit von Kapazität ("proportional der Wurzel der elektrischen Oberfläche") und Induktivität ("proportional der Wurzel der Länge") richtig zu deuten [FEDDERSEN, 1859]. 1864 konnte C.Maxwell die Existenz der elektrischen Schwingungen und Wellen noch genauer theoretisch begründen, die H.Hertz schließlich 1888 in Karlsruhe fand.

16.2.3 Geräte für Präzisionsmessungen

Thomson erkannte die Notwendigkeit eines internationalen elektrischen Maßsystems, damit Forschungsergebnisse vergleichbar werden konnten. Zusammen mit J.C.Maxwell griff Thomson auf die absoluten Maßsysteme von Gauß und Weber zurück, bei denen magnetische und elektrische Größen auf mechanische Kräfte zurückgeführt werden (siehe Kap.13). Thomson konstruierte eine empfindliche *"Stromwaage"*, die erheblich empfindlicher war, als die von Ampère konstruierte (siehe Kap.10). Mit dieser neuen Stromwaage erfolgt die Messung der Stromstärke "absolut", da sie nur auf mechanische Größen, nicht auf willkürlich definierte, relative Einheiten zurückgeführt wird [YOUNG, 1948k].

Zur Ergänzung des Versuches mit der Stromwaage baute Thomson 1860 die in jedem Praktikum verwendete *"Spannungswaage"* [YOUNG, 1948l]. Es handelt sich dabei um die Bestimmung der Kräfte, die zwischen zwei aufgeladenen Kondensatorplatten herrscht. Mit den weiteren Versuchsparametern (Abstand, Größe der Platten) ist das Coulombsche Gesetz, das ursprünglich nur für radiale Felder galt, von Thomson auf homogene Felder erweitert worden. Elektrostatische Kräfte stehen nun mit elektrischen Spannungen in einem bequem meßbaren Zusammenhang. Der Präzisionstechniker Thomson verstand es auch, geringfügige Ungenauigkeiten, die durch die Inhomogentäten des Randes verursacht waren, geschickt zu vermeiden. Im dritten Abschnitt werden beide Geräte im Nachbau vorgestellt.

Weiterhin verdanken wir Thomson das Quadrantelektrometer, ein elektrostatisches, hochempfindliches Spannungsmeßgerät, das erst in jüngster Zeit an Bedeutung verloren hat, nachdem die elektronischen Elektrometer in den Laboratorien ihren Einzug gehalten haben. In diesem Zusammenhang stammt von ihm auch die Konstruktion des robusten und deshalb transportablen, elektrostatischen Zeigervoltmeters mit Meßbereichen bis zu 80000V [YOUNG, 19481].

16.2.4 Zur Elektrostatik und Luftelektrizität

Diese Randgebiete von Thomsons Tätigkeit sind für die im dritten Abschnitt gezeigten Versuche besonders interessant. In einem Brief, den er am 2.1.1859 an H.Helmholtz schrieb [S.THOMSON, 1910], erläuterte er zum ersten Male seinen *"water-dropping collector"*. Er war nach seinen Erläuterungen zum Nachweis und der Messung der atmosphärischen Elektrizität gedacht: Wassertropfen, die innerhalb eines elektrischen Feldes eine geerdete Metalldüse verlassen, sind durch Influenz geladen. Thomson erfand nun die Lösung, wie ein Ladungskollektor gebaut sein muß, damit er nur die elektrische Ladung der fallenden Tropfen aufnimmt, das Wasser aber nach außen abgibt. Er benutzte einen Faradaykäfig und entließ das Wasser in Tropfen innerhalb desselben ins Freie; dann sind sie nämlich ungeladen. Die Abb.16.1. gibt die Zeichnung Thomsons aus dem oben genannten Brief wieder. Weiter deutete Thomson in dem Brief eine Möglichkeit an,

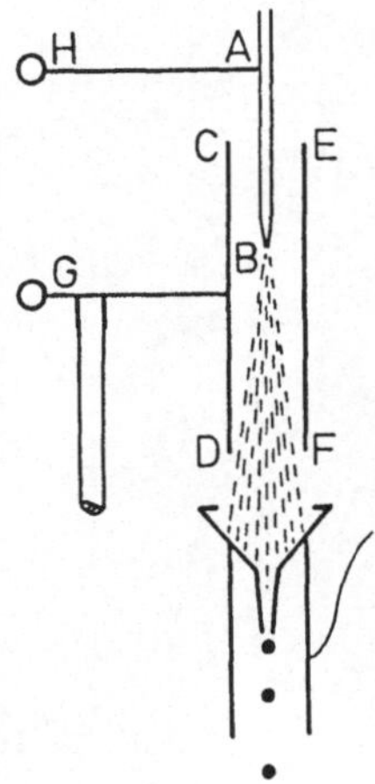

16.1 W.Thomsons Zeichnung zum "Water-dropping collector"; H-A-B geerdete Wasserzuführung mit feiner Düse; C-D-E-F isolierter Messingzylinder, hat er eine Spannung zur Düse, werden die Tröpfchen durch Influenz geladen; unten ist der Ladungs-Collector, aus dem das Wasser wegen des Faraday-Käfig-Effektes ungeladen entlassen wird

mit dem Tropfenkollektor Voltas Fundamentalversuch (siehe Kap.6.2) zu variieren. Ist beispielsweise die Düse aus Kupfer, der Zylinder aber aus
Zinkblech gefertigt und sind beide Teile miteinander leitend verbunden,
werden die Tropfen stets negativ geladen sein, weil das Zink gegenüber
dem Kupfer positiv (o,89V) geladen ist. Es ist zu beachten, daß Voltaspannung und galvanische Spannung umgekehrtes Vorzeichen haben.

16.3 Versuche mit Nachbauten Kelvinscher Geräte

16.3.1 Die Stromwaage

Kelvin benutzte vier Spulen, die den Eindruck von zwei Helmholtzspulen-
paaren erwecken, es aber nicht sind, da sie entgegengesetzt gepolt sind,
so daß im Raum zwischen den Spulen - im Gegensatz zu Helmholtzspulen, die
ein weitgehendes homogenes magnetisches Feld erzeugen - ein starkes *Feldgefälle* entsteht, wenn ein elektrischer Strom fließt (Abb.16.2). Die zwischen den Spulenpaaren befindlichen, kleineren Spulen sind in der Senk-
rechten beweglich und werden vom gleichen Strom durchflossen; sie stellen
in heutiger Sprache magnetische Dipole dar, auf die bekanntlich nur in

16.2 W.Thomsons Stromwaage im modernen Nachbau; vier große Spulen sind
fest montiert; dazwischen befinden sich zwei an einem Waagebalken befestigte kleinere Spulen; das Reitergewicht kann bei jeweils bei der Kraft
1pond einrasten; links oben befindet sich ein Spiegel mit Konvexlinse zum
Abbilden einer beleuchteten Marke

inhomogenen Feldern Kräfte wirken. Beide Dipole sind an einem leicht beweglichen Waagebalken befestigt und so geschaltet, daß sich die entstehenden Kräfte addieren. Mit einem Reitergewicht, ähnlich wie es auf Küchenwaagen gebräuchlich ist, lassen sich die auf beide Dipole wirkenden Kräfte kompensieren. Mit Hilfe eines Lichtzeigers, der von einen am Waagebalken befestigten Spiegel abgelenkt wird, kann der Nullpunkt der Waage nach dem Einschalten des Stromes wiederhergestellt werden. Nun kann die gemessene Kraft zur Stromstärke in Beziehung gesetzt werden.

Die Kraft auf einen Dipol ist $F=G \cdot dB/dz$, wenn G das Dipolmoment der kleinen Spule, B die magnetische Kraftflußdichte einer großen Spule und dB/dz das Maß für die Feldänderung in senkrechter z-Richtung bedeutet. Setzt man nun das Dipolmoment $G=n_1 \cdot I \cdot A$ (n_1=Windungszahl, I=Stromstärke, A=Fläche der Dipolspule) und das Feldgefälle $dB/dz=2B/R$ (R=Abstand und gleichzeitig Radius der großer Spulen und Durchmesser der kleinen Spule), ergibt sich bei Verwendung der mechanischen Einheiten Zentimeter, Gramm und Sekunde eine einfache Definitionsgleichung der Einheit des elektrischen Stroms im elektromagnetischen cgs-Maßsystem, die nicht von anderen elektrischen Größen, sondern *allein* von mechanischen Kräften abhängt:

$$J=1/\pi \cdot \sqrt{F/n_1 \cdot n_2}$$

Tatsächlich erhält man, wenn man die Kräfte in dyn (Einheit im cgs-System) einsetzt und die Windungszahlen berücksichtigt, für die Einheit der Stromstärke im el.-magn. cgs-System eine Größe, die nach heute üblichem Maß 10A entspricht. Rechnet man im heute gültigem Maßsystem (SI-System), muß man die Kraft F durch $\mu_o/4\pi$ teilen.

Der Nachbau der Kelvinschen Stromwaage hat folgende Maße:
R=7,5cm; n_1=143Wdg.; n_2=145Wdg.; Drahtstärke 0,2qmm; bei einem Strom von 1A entsteht an beiden Dipolspulen eine Kraft von ca. 4pond, bei 2A dagegen ca. 16pond.

16.3.2 Die Spannungswaage

Um eine auf Kräfte zurückgeführte Spannungseinheit zu definieren, konstruierte Kelvin die Spannungswaage. Die Abb.16.3 zeigt einen Nachbau für Demonstrations- und Meßzwecke. Dieses Gerät ist ein Plattenkondensator, dessen obere, geerdete Platte frei beweglich an einer Waage hängt. Der unteren, elektrisch isolierten Platte wird die Spannung zugeführt. Die Tarierung des Gewichtes der Aluminiumplatte wird mit Hilfe eines Grob- und eines Feingewichtes vorgenommen. Ein um die bewegliche Platte befindlicher "Schutzring", der ebenfalls geerdet ist, sorgt für die Homogenität des elektrischen Feldes bis zum Rand der Platte, ist aber selbst nicht beweglich, da er auf Abstandshaltern aus Plexiglas aufliegt. Daran be-

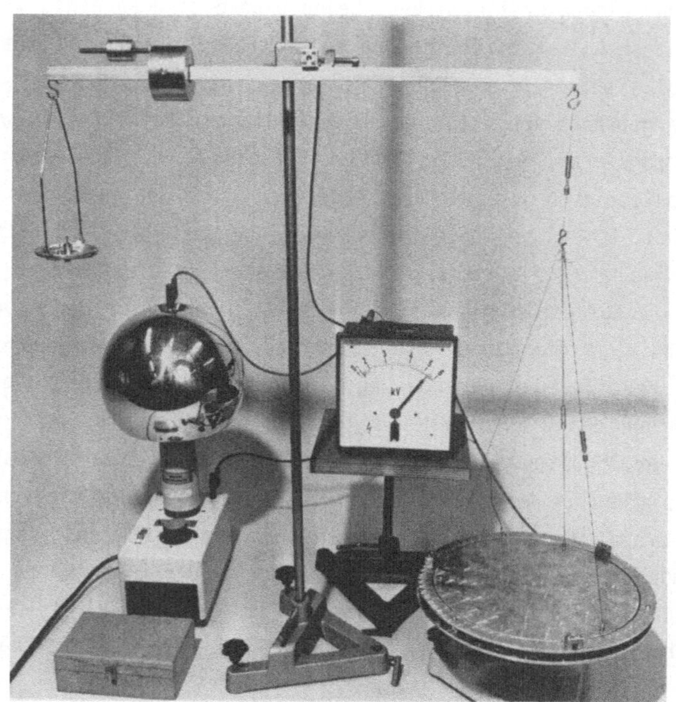

16.3 W.Thomsons Spannungswaage im Nachbau; (rechts) Kondensatorplatten
mit Schutzring, Abstandshaltern und Justierschneiden; (links oben) Ta-
riergewichte; die Waagschale dient zum Auflegen der Meßgewichte; (links)
Hochspannungsgerät; bei höheren Spannungen (6kV) ist die Waage empfindlicher (0,3%) als übliche Laborinstrumente (1%)

findliche Schneiden erleichtern das parallele Einjustieren beider Kondensatorplatten. Rechnet man nach dem cgs-System, wird die Rechenformel,
nach der man die elektrostatische Spannungseinheit definieren kann, einfach. Sie lautet: $U=z/r\cdot\sqrt{8\cdot F}$; dabei bedeuten U die Spannung, z der Abstand, r der Radius der Platten und F die entstehende Kraft, mit der die
Platten angezogen werden. Setzt man die Kraft in dyn ein, erhält man die
elektrische Spannung in cgs-Spannungseinheiten, die nach heutigem Maß
(fast) 300V entsprechen.

Die Definitionen der Stromstärke im el.magn. cgs-System und der Spannung im el.stat. cgs-System haben zunächst keinen Zusammenhang, sie sind
nicht "kohärent", beispielsweise erfüllen sie die Leistungsformel $P=U\cdot I$
nicht; erst der Kohlrausch-Weber-Versuch (Kap.13.2.2) bestimmte diesen
und kam in heutiger Deutung auf die Lichtgeschwindigkeit c. Die genannte
Leistungsformel lautet dann: $P=c\cdot U\cdot J$ (Einheiten cm, g, s).

Bei Verwendung des heute verbindlichen Maßsystems muß die Kraft F
durch $4\pi\varepsilon_0$ geteilt und die Grundeinheiten m, kg, s benutzt werden. Die
Verwendung der Lichtgeschwindigkeit c ist dann überflüssig, weil sie, ne-

ben dem Verhältnis von Spannungeinheit zu Stromeinheit und dem Übergang vom nicht-rationalen (radiale Felder) zum rationalen System (homogene Felder), in den Konstanten μ_o und ε_o eingearbeitet ist.

Die Maße im Nachbau der Spannungswaage sind: Radius der beweglichen Platte: 11,1cm; Abstand z=1cm; bei der Spannung von 6000V entsteht eine Kraft von ca.6,3pond, das sind ca. 6200dyn; die Aluminiumplatte wiegt 335g und wird mit den Tariergewichten ausgeglichen.

16.3.3 Versuche mit dem „water-dropping collector"

Der von Thomson im Brief an Helmholtz mitgeteilte Tropfenkollektor diente zunächst nur zum Messen atmosphärischer elektrischer Spannungen. In dem seiner Zeit bekannten Experimentierbuch für Gymnasiasten von A.Weinhold findet man den Thomsonschen Kollektor zur Konstruktion einer neuartigen, sich selbsterregenden Influenzmaschine genutzt. Auch Lehrbücher der Physik zeigen die Weinholdsche Skizze der Wasserinfluenzmaschine, die im allgemeinen "Kelvin-Generator" genannt wird [BERGMANN-SCHÄFER, 1971]. Weinhold schreibt: "Mehr als das mit ihr zu erreichende Maximum elektrischer Spannung zeichnet sich die Wasserinfluenzmaschine aus durch ihre Sicherheit, mit welcher sie die nie ganz fehlende Differenz im elektrischen Zustand verschiedener Körper bis zu einer merkbaren Grenze multipliziert. Sie gelangt auch ohne Zuführung von Elektrizität immer in kurzer Zeit in Tätigkeit, wenn man nur das Wasser richtig fließen läßt" [WEINHOLD, 1921].

Die Abb.16.4 zeigt Weinholds Vorschlag schematisch. Nach diesem Vorbild ist die Wasserinfluenzmaschine von Studenten gebaut worden, wobei

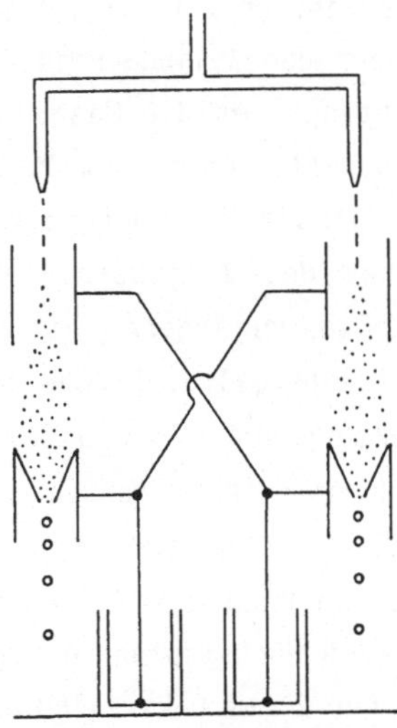

16.4 A.Weinholds Vorschlag zur selbsterregten Wasserinfluenzmaschine; das sind zwei Thomsonsche Tropfkollektoren in rückgekoppelter Gegentaktschaltung

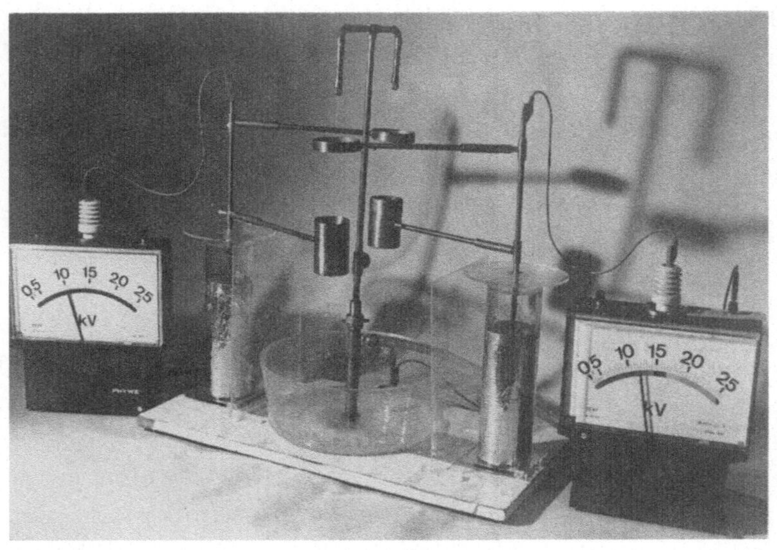

16.5 Nachgebaute, verbesserte Wasserinfluenzmaschine; Höchstspannung etwa zweimal 16kV

sie durch Verwendung moderner Materialien ihr Aussehen ein wenig verändert hat. Die Abb.16.5. zeigt das fertige Gerät. Wir machten uns zur Aufgabe, die bei Weinhold nicht diskutierte Bedingung der Grenzspannung zu untersuchen. Es wurde festgestellt, daß diese zunächst von der Größe und dem Abstand der oberen Zylinderringe von der Düse abhängt: Steigt nämlich die Spannung der Maschine, nimmt die Tropfengröße wegen ihrer zunehmenden Ladung, die eine Verkleinerung ihrer Oberflächenspannung bewirkt, immer mehr ab. Wegen der gegenseitigen Abstoßung der Tropfen und ihrer Luftreibung erreichen jetzt die kleinsten mit der geringsten kinetischen Energie nicht den Kollektor, sondern den Zylinderring. Das entspricht aber einem Strom in umgekehrter Richtung, der die Maschine entlädt. Ein Gleichgewicht zwischen Ladungs- und Entladungsstrom stellt sich ein, welches die Höchstspannung bestimmt. Diesem Entladungseffekt begegneten wir durch Vergrößerung des Abstandes des Zylinderringes von der Düse, um die influenzierende Feldstärke zu verringern, bis sich bei höherer Spannung abermals ein Gleichgewicht einstellte. Ferner zeigte sich, daß der Faradaykäfigeffekt des Kollektors wegen der unteren Zylinderöffnung nicht vollständig ist. Die "ladungsfreien" Tropfen erhalten bei höherer Spannung durch Influenz doch eine geringfügige Ladung, fallen deshalb schräg, berühren den unteren Rand des Zylinders und entladen ihn. Die verbesserte Maschine hat eine Höchstspannung von 2 mal 16kV, während die Konstruktion von Weinhold nur 2 mal 6 kV zuläßt.

Der Düsendurchmesser ist hier 0,5mm; das ist für eine Wasserdüse sehr fein; deshalb ist es ratsam, das Leitungswasser vorher zu filtern, um kleine Fremdkörper von der Düse fernzuhalten. Durch Regeln des Wasserdrucks kann der Wasserlauf so eingestellt werden, daß die Maschine optimal arbeitet.

17. R. W. Pohl,
die Farbzentren und die Modellinfluenzmaschine

17.1 Biographisches

Robert Wichard Pohl wurde als Sohn eines Schiffsbauingenieurs am
10.8.1884 in Hamburg geboren. Johannes Kepler soll einer seiner Vorfahren
gewesen sein [v.MINNIGERODE, 1978]. In Hamburg besuchte er das humanisti-
sche Gymnasium Johanneum, an dem er den zwei Jahre älteren James Franck,
den späteren Kollegen und Nobelpreisträger, kennenlernte. 1903 legte
Pohl dort das Abitur ab. Er entsann sich später voll Dankbarkeit seiner
Schulzeit, denn die erste Auflage seines Lehrbuches "Einführung in die
Elektrizitätslehre" widmete er seinem ehemaligen Schuldirektor, dem Theologen Adolf Metz [MOLLWO, 1978]. Pohl studierte anfangs in Heidelberg Experimentalphysik bei G.Quincke, von dem Pohl später das anmaßende, aber
dem Geist der Zeit entsprechende Wort kolportierte "Theorien kommen und
gehen, aber die Tatsachen bleiben". Bald wechselte er nach Berlin, wo er
J.Franck als Doktorand bei E.Warburg wiedertraf und sich ihm anschloß.
Nach sechssemestrigem Studium promovierte Pohl (1906) über ein Thema zur
Gasentladungsphysik, um danach Assistent bei P.Drude und A.Wehnelt zu
werden. 1911 schloß er seine Habilitation ab und arbeitete danach über
den Photoeffekt.

Während des Krieges 1914-18 wurde er als Ingenieuroffizier zu den
Luftschiffern verpflichtet. Später berichtete er kritisch über seine
Kriegserlebnisse, denn er hatte oft Anlaß, an der Kompetenz seiner mili-
tärischen Vorgesetzten zu zweifeln [MOLLWO, 1978].

1916 erhielt Pohl einen Ruf für Experimentalphysik nach Göttingen,
konnte aber wegen des Krieges der Berufung erst 1919 folgen. Kurz nach
Pohls Dienstantritt wurde auch M.Born (1920) als Nachfolger P.Debyes als
Vertreter der theoretischen Physik nach Göttingen geholt. Bei den Ver-
handlungen konnte Born durchsetzen, daß zusätzlich ein zweiter Lehrstuhl
für Experimentalphysik in Göttingen eingerichtet wurde, um der Pflicht,
selbst experimentieren zu müssen, zu entgehen. Sein Besetzungsvorschlag
fiel auf J.Franck, dessen frühere Arbeiten (Anregung von Atomen durch

Elektronenstoß) er für bedeutsam hielt und bei dessen Person nicht mit
dem Widerstande Pohls zu rechnen war [BORN, 1975].

Die drei Göttinger Physikprofessoren haben mit ihren Schülern Physik-
geschichte gemacht. Pohl stand damals wissenschaftlich im Hintergrund,
weil die Arbeiten zum Atombau von M.Born (Nobelpreis 1954) und J.Franck
(mit G.Hertz Nobelpreis 1925) mit ihren Schülern aus aller Welt, unter
denen sich viele der künftigen Konstrukteure der Atombombe befanden, mehr
Beachtung fanden, als Pohls Arbeiten über Festkörpereffekte. Die drei
Lehrstuhlinhaber vereinbarten, daß Pohl, Direktor des traditionsreichen
1.Physikalischen Instituts, der auf Amtsvorgänger wie G.C.Lichtenberg und
W.Weber (Kap.5 u.13) zurückblicken konnte, die "Große Vorlesung" über Experimentalphysik hielt, Franck vom 2.Physikalischen Institut dagegen das
Physikalische Praktikum betreute und Spezialvorlesungen anbot, während
sich Born in seinen Lehrveranstaltungen auf die theoretische Physik be-
schränken durfte. Diese Aufteilung blieb für lange Zeit bestehen.

Die "Große Vorlesung" besuchten natürlich nicht nur Physikstudenten,
sondern auch Mediziner, Pharmazeuten und andere Nebenfächler. So verbreitete sich die Kunde von Pohls didaktischen Fähigkeiten in der kleinen
Universitätsstadt schnell. Pohl verstand es ausgezeichnet, komplizierte,
physikalische Sachverhalte anschaulich zu machen. Dazu dienten sorgfältig
ausgewählte und perfekt vorgeführte Experimente, die im allgemeinen Pohls
ausgezeichneter Mechaniker Sperber vorbereitet hatte.

Pohl hatte den seit 1905 bestehenden Hörsaal mit finanzieller Unter-
stützung der Rockefeller Foundation 1926 eigens für eine moderne Experimentalvorlesung umbauen und auf 350 Plätze vergrößern lassen. Dieser
Raum, ohne feste Experimentiertische, sondern für die Benutzung durch
Rollstative geeignet, gilt bis heute als Vorbild für den Bau von Physik-
hörsälen. Ein lateinischer Satz an der Frontwand "Simplex sigillum veri"
(Das Einfache ist Merkmal des Wahren), legte die Prinzipien der physikalischen Erkenntnis innerhalb Pohls Bereich fest. Dieser Spruch wurde aber
nach der Emeritierung Pohls überstrichen, weil er der Auffassung des
Nachfolgers nicht mehr entsprach.

Die Experimentalvorlesung fand aber auch Kritiker, vorwiegend von Mitgliedern anderer Institute, die sie als "Zirkus" abtaten. Diese harte,
vereinfachende Kritik mag vielleicht teilweise durch Mißgunst entstanden
sein; aber der Kern der ironischen Bemerkungen über Pohl sollte durchaus
beachtet werden: Pohl neigte dazu, als Konzession an die Anschaulichkeit
die Probleme gelegentlich unzulässig zu vereinfachen und ihre mathematische Beschreibung zu vernachlässigen.

Pohl konnte seine Stellung in Göttingen durch mehrere Rufe stärken
(Würzburg, Stuttgart, Heidelberg). Er widerstand auch dem Angebot des

Reichsluftfahrtministeriums, während des letzten Krieges Leiter eines neu
zu gründenden Luftfahrtzentrums zu werden, dessen Sinnlosigkeit erkennbar
war. Im Laufe seiner Tätigkeit erhielt Pohl fünf Ehrendoktorate und wurde
Mitglied in vielen Akademien [STARCK, 1978].

Nach 1933 nahm auch die Physik in Göttingen schweren Schaden. M.Born
und J.Franck solidarisierten sich mit A.Einstein und gingen ins Exil,
woraufhin Pohl die kommissarische Verwaltung der beiden verwaisten Institute erhielt, in denen von elf Wissenschaftlern letztlich nur zwei geblieben waren. Mit wechselnden Lehraufträgen bemühte sich Pohl, den wissenschaftlichen Betrieb in allen drei physikalischen Instituten aufrecht
zu erhalten. Während Francks Experimentalinstitut 1935 von G.Joos übernommen wurde, verschleppten die neuen Machthaber die Wiederbesetzung des
Lehrstuhles für theoretischen Physik bis 1937 (Nachfolger: R.Becker)
[BEYERCHEN, 1982].

1952 schied Pohl aus, und R.Hilsch wurde Nachfolger. Danach widmete
sich Pohl vorwiegend der Arbeit an seinen Lehrbüchern. Er starb am
5.6.1976 in Göttingen mit fast 92 Jahren.

17.2 Wissenschaftliche Arbeiten

Arbeiten niederländischer Physiker [HAGA/WIND, 1899/1903], die die Wellennatur der Röntgenstrahlen durch Beugungsexperimente an keilförmigen
Einfachspalten nachweisen zu können glaubten, veranlaßten 1909 B.Walter
und R.Pohl, im Staatslaboratorium von Hamburg die Versuche zu wiederholen
[WALTER/POHL, 1909]. Sie verwandten härtere Röntgenstrahlen, erreichten
dadurch zwar eine wesentliche Verkürzung der Expositionszeit, konnten
aber keine signifikanten Beugungserscheinungen finden, so daß sie die Ergebnisse von Haga und Wind bezweifelten. Falls Röntgenstrahlen doch Wellen sein sollten - schlossen sie -, müßten die Beugungserscheinungen in
die Fehlertoleranz gefallen sein, woraus sich eine obere Grenze der Wellenlänge von 0,012nm ergab. Pohl ging auch skeptisch auf Versuche [MARX,
1910] ein, die Wellennatur der Röntgenstrahlen indirekt dadurch nachzuweisen, daß deren Geschwindigkeit gleich der Lichtgeschwindigkeit ist
[FRANCK/ POHL, 1911].

An dem damaligen Forschungsschwerpunkt, die Natur der Röntgenstrahlen
aufzuklären, hat Pohl so intensiv mitgewirkt, daß er das Thema in seiner
Habilitationsschrift behandelte [POHL, 1912]. Aber kurz vor Fertigstel-
lung der Monographie erfuhr er von den Versuchen, die auf Veranlassung
von M.v.Laue von W.Friedrich und P.Knipping gemacht worden waren und die
Wellennatur der Röntgenstrahlen nach dem damaligen Verständnis bewiesen

(1912). Im Anhang der Monographie wies Pohl auf diese neuesten Ergebnisse
hin und bildete ein Lauediagramm ab.

Danach entwickelte sich das Thema seines Lebens, nämlich die Erforschung des (zunächst äußeren) lichtelektrischen Effektes. Er trennte sich
von J.Franck und gewann den Partner P.Pringsheim, mit dem er von 1909 bis
1914 über 24 Arbeiten zu diesem Thema veröffentlichte. Diese intensive
Forschungstätigkeit zum Photoeffekt befähigte beide, das Thema in der
grundlegenden Monographie "Die lichtelektrischen Erscheinungen" zusammen-
zufassen [POHL/PRINGSHEIM, 1914].

Als Pohl nach Kriegsende seine Berufung in Göttingen wahrnahm, konnte
er seine Arbeiten zum Photoeffekt nicht weiterführen, da dort keine
Vakuumanlage vorhanden und zu betreiben war. Die heute wenig überzeugende
Vorstellung, daß man vielleicht als Ersatz für Vakuumzellen auch Kristalle nehmen könnte, weil zwischen deren Molekülen im Bilde P.Lenards
"nichts" ist, veranlaßte ihn, die optisch-elektrischen Eigenschaften von
Kristallen zu untersuchen. Zur Erleichterung der Anschauung wählte er neben anderen Kristallen schließlich besonders einfache und billige Ionen-
kristalle, nämlich die von Alkalihalogeniden. Es war bekannt, daß solche
Kristalle in der Natur gelegentlich blau (KBr), violett (KCl) oder gelb
(NaCl) verfärbt vorkommen und daß man solche Verfärbungen auch künstlich
erzeugen kann, wenn man die Kristalle in Kaliumdampf (bzw. Natriumdampf)
erhitzt oder auch längere Zeit einer Röntgenstrahlung oder radioaktiven
Strahlung aussetzt. Den Ursachen dieser Verfärbung ging Pohl mit seinen
Mitarbeitern nach. Es mußten neue Methoden erfunden werden, durch die
Aufschlüsse über die Struktur und die Vorgänge im Innern der Kristalle zu
erlangen waren. Eine kleine, stets wechselnde Schar von Mitarbeitern
forschte unbekümmert um modische Strömungen in der Physik auf diesem neu-
en Gebiet und legte die Grundlagen zu dem, was wir heute "Festkörperphy-
sik" nennen.

Die Verfärbungen wurden untersucht und machten sich spektroskopisch
als breite Absorptionslinien bemerkbar, deren Breite bei tieferen Temperaturen abnahm. Anfangs mangelnde Reproduzierbarkeit wurde auf undefi-
nierte Verunreinigungen zurückgeführt; deshalb mußten immer reinere Kristalle beschafft werden, die schließlich im Institut selbst hergestellt
wurden [KYROPOULOS, 1926]. Das Verfahren, Kristalle aus der Schmelze zu
ziehen, später verbessert von Czochralski, erlaubte die Herstellung großer Einkristalle, was später technologisch zur Herstellung von Germanium-
und Siliziumeinkristallen für die Transistorenherstellung wichtig wurde.

Die im Pohlschen Institut entwickelten Technologien dienten vorwiegend
dem Ziel, die Vorgänge in den verfärbten Kristallen zu ergründen. Die
Verfärbungen, als Absorptionsbande meßbar, wurden als Störungen durch

Fremdstoffe im Kristallgitter erkannt, die nur in ganz geringer Konzentration (1:10^6) beachtliche elektrische und optische Folgen hatten. Solch eine Kristallstörung nannte Pohl "Farbzentrum". Diese "Störungen" wurden künstlich erzeugt; den Vorgang nennt man heute "Dotierung".

Farbzentren können unter dem Einfluß elektrischer Felder ihre Plätze tauschen. Ihre Wanderungsgeschwindigkeit ist aber klein und liegt in der Größenordnung von mm/s und ist temperaturabhängig [STASIV, 1933]. Die Demonstration dieses Versuches ist besonders eindrucksvoll. Das Nachexperimentieren wird im dritten Abschnitt beschrieben.

Elektronen im Farbzentrum sind optisch anregbar. Die Wechselwirkung zwischen Lichtabsorption und elektrischer Leitfähigkeit der Kristalle wurde weitgehend aufgeklärt. Auch der photographische Prozeß konnte als mit der Farbzentrenphysik im Zusammenhang stehend erkannt werden [STASIV, 1932].

Schon in der Berliner Zeit wurden von Pohl Vakuumaufdampfverfahren entwickelt, mit denen man Metalle in dünnsten Schichten auf Unterlagen (Substrate) aufdampfen konnte, um Kathoden von Photozellen herzustellen [POHL/PRINGSHEIM, 1912]. Das Verfahren wurde variiert [BAUER, 1931], indem auf Glasoberflächen Mineralien mit Brechzahlen aufgedampft wurden, die zwischen der von Glas und der von Luft liegen. Sind diese Schichten in Lambdaviertelstärke, heben sich die Reflexionen von Licht an beiden Oberflächen durch Interferenz auf, weil die gleich starken Reflexionsanteile gegenphasig sind. Die Folge ist das vollständige Eindringen des Lichts in das Glas. Mit diesem Verfahren wurde der Bau mehrlinsiger, "vergüteter" Optiken möglich, die ohne diese Entspiegelung zu große Lichtverluste hatten.

Die Verdienste Pohls um die Weiterentwicklung des Internationalen Maßsystems in der Elektrizitätslehre dürfen nicht unerwähnt bleiben. Die erste Auflage seines 1927 erschienenen Lehrbuches "Elektrizitätslehre" war bereits mit den von Mie und Oberndorf vorgeschlagen Einheiten (m, kg, s, V, A) erschienen. Wegen der allgemeinen Verbreitung des cgs-Systems von Weber und Gauß (Siehe Kap.13) erregte das Buch damals kritisches Aufsehen. Die Verwendung von Volt und Ampere machte die Einführung zweier Feldkonstanten (ε_o und μ_o) nötig, derer das cgs-System zwar nicht bedurfte, dafür aber an nicht immer überzeugenden Stellen die Lichtgeschwindigkeit c und den Faktor 4π benutzen mußte. Die Förderung dieses Systems, gemeinsam mit G.Joos [JOOS, 1932], zog sich über zwei Jahrzehnte hin. Noch 1950 sah sich Pohl genötigt, eine Streitschrift mit dem Titel "Zur Darstellung der Elektrizitätslehre" zu schreiben [POHL, 1950].

Zur Würdigung der wissenschaftlichen Verdienste dieses Mannes muß sein dreibändiges Lehrbuch mit einbezogen werden. Nach der Herausgabe der bereits genannten "Elektrizitätslehre" (1927) folgte 1930 die "Mechanik, Akustik und Wärmelehre" und 1940 die "Optik und Atomphysik". Alle drei Bände erlebten insgesamt 51 Auflagen bei Lebzeiten des Autors. Das Bestechende seiner Bücher ist die klare, stets vom Experiment ausgehende Darstellung. Alle Versuche, die in den Lehrbüchern beschrieben sind, wurden von Pohl mit seinen Mitarbeitern im Institut erprobt. Das in manchen Lehrbüchern gelegentlich anzutreffende "Erbübel", daß Fehler und unzulässige Verkürzungen älterer Autoren übernommen worden sind, gibt es in den Pohlschen Lehrbüchern nicht. Wer seine Versuchsbeschreibungen übernimmt, um danach beispielsweise eine Experimentalvorlesung vorzubereiten, kann sicher sein, daß alles so geschieht wie behauptet. Die berühmten Schattenrisse machen das "Grundsätzliche der Sache" deutlich und lassen Nebensächliches zurücktreten.

17.3 Experimente aus R. W. Pohls Institut

17.3.1 Wanderung von Farbzentren
in KBr-Kristallen unter dem Einfluß elektrischer Spannungen

Der Verfasser hat sich nach dem bereits angesprochenem Kyropoulosverfahren KBr-Kristalle selbst gezogen. Dazu wurde ein Impfkristall geeigneter Größe mit einer kleinen, gekühlten Goldzange in die Schmelze von KBr (Platintiegel erforderlich) getaucht. Abweichend vom Pohlschen Verfahren wurde ein Platindraht von 0,2mm Durchmesser, der in einer heißen Flamme spitzenförmig ausgezogen worden war, gemeinsam mit dem Impfkristall eingeklemmt. Der wachsende Einkristall, dessen Flächen vom Impfkristall vorgegeben sind, umhüllte die Platinspitze. Das Ergebnis war ein großer, tonnenförmiger Einkristall von ca. 3 cm Länge und Durchmesser, der gespalten und poliert wurde und in den an einer geeigneten Stelle der vorbereitete Platindraht eingewachsen war. Der fertige, quaderförmige Kristall war etwa 15 mm lang, 10 mm hoch und 5 mm dick. Die Kratzer, die auf der Abb.17.1 sichtbar sind, zeugen von mangelhaftem Polieren. Als Anode diente ein kleines Stahlplättchen, mit Graphitsuspension aufgeklebt (links im Bild). Der so vorbereitete Kristall wurde in einen elektrischen Ofen, der vorn und hinten zum bequemen Projizieren offen ist, gebracht und auf etwa 500°C erhitzt, weil nur oberhalb dieser Temperatur Farbzentren entstehen und wandern. Bei einer negativen Spannung von 100V an der Platinspitze floß ein anfangs geringer, dann zunehmender elektrischer Strom durch den Kristall, der sicherheitshalber durch einen Widerstand auf 2mA begrenzt wurde. Die Vorgänge im Kristall konnten mit einer Bogenlampenprojektion sichtbar gemacht und photographiert werden: Ausgehend

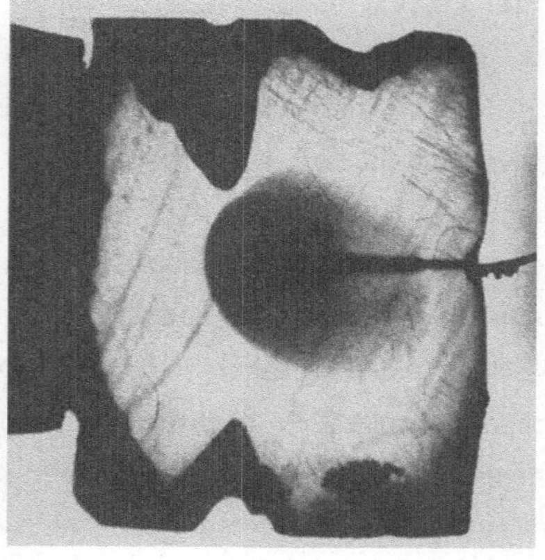

17.1 (links) Ist die Platinspitze Kathode, bilden sich in KBr blaue Farbzentren, die zur Anode wandern; (rechts) an der Anode entstehen keine Farbzentren, deshalb ziehen sich bereits vorhandene Farbzentren mit klarer Grenzlinie zur Spitze zurück

von der Spitze verfärbt sich nach Anlegen der elektrischen Spannung der Kristall blau, anfangs hell, später immer dunkler werdend (Abb.17.1 links), wobei die Farbzentren zur Anode wandern und dort verschwinden. Kehrt man die Polarität um, ziehen sich die Verfärbungen mit scharfer Grenze zur Spitze zurück (Abb.17.1 rechts), denn an der Anode entstehen keine neuen Farbzentren. Der Kristall ist das Modell einer Halbleiterdiode geworden.

Die Versuche zur Kristallzucht und zur Wanderung von Farbzentren bedürfen eines größeren Laboratoriums und sind nicht ohne weiteres nachzuexperimentieren.

17.3.2 Übersichtliche Influenzmaschine

Die üblichen Lamelleninfluenzmaschinen nach Wimshurst sind in der Erklärung ihrer Wirkungsweise kompliziert. Pohl hat sie auf das Grundsätzliche in seinem Lehrbuch "Elektrizitätslehre" [POHL, 1975] reduziert. Die Wirkungsweise ist dort beschrieben und so durchsichtig, daß sie keiner weiteren Erläuterung bedarf. Der Nachbau (Abb.17.2) in der Werkstatt aus Aluminiumblech und Plexiglas ist problemlos. Zur Optimierung ihrer Wirkung sollten die Abstände der beiden äußeren Bleche zur Justierung verstellbar sein. Diese hier gezeigte Maschine erregt sich selbst und erreicht eine Spannung von zweimal 6 kV. Wie bei der Siemensschen Dynamomaschine (Kap.15.3) ist der Drehsinn durch die Konstruktion gegeben, die Polarität aber unbestimmt.

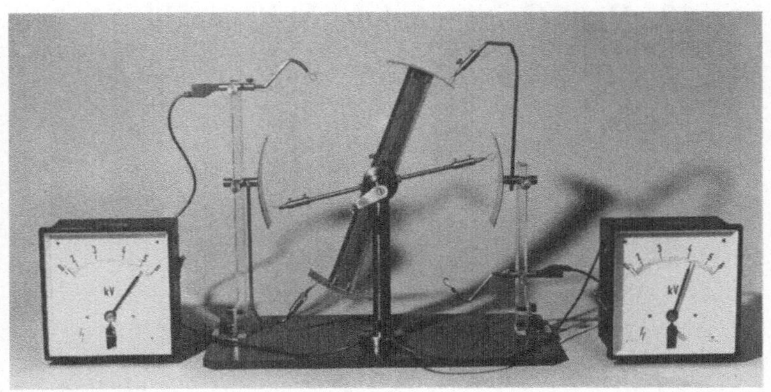

17.2 Übersichtliche Influenzmaschine, gebaut nach dem Schattenriß von
R.W.Pohl [POHL, 1975]

18. Hans Geiger und der Spitzenzähler

18.1 Biographisches

Johannes (Hans) Wilhelm Geiger wurde am 30.9.1882 in Neustadt an der Weinstraße (Rheinpfalz) geboren. Seine Kindheit verbrachte er in München, seine Jugend in Erlangen. Nach dem Abitur (1901) und der Absolvierung der einjährigen Militärzeit studierte er in Erlangen und München Physik, Mathematik und Geologie mit dem Ziel, Gymnasiallehrer zu werden. Nach der Promotion (1906) ging Geiger auf Empfehlung seines Doktorvaters E.Wiedemann als Assistent zu A.Schuster zum Physikalischen Institut der Universität Manchester. Nach einer zufälligen Begegnung mit E.Rutherford, Schusters Nachfolger in Manchester, wurde er (1907) dessen Assistent und auch Dozent am dortigen physikalischen Institut.

Im Herbst 1912 übernahm Geiger die Leitung des neugegründeten Laboratoriums für Radioaktivität an der Physikalisch-Technischen Reichsanstalt (PTR) in Berlin-Charlottenburg. Im ersten Weltkrieg war er vier Jahre Artillerie- und Pionieroffizier. Zur Jahreswende 1918/19 kehrte er als Regierungsrat in seine alte Stellung in die PTR zurück.

1924 habilitierte sich Geiger an der Berliner Universität mit einer Sammlung von Arbeiten über die Reichweiten von Alphastrahlung. 1925 schied Geiger aus der PTR aus, da er zum Professor für Experimentalphysik in Kiel berufen war. Seine weitere Hochschullehrerlaufbahn führte ihn 1929 nach Tübingen und 1936 als Ordinarius ans Physikalische Institut der Technischen Hochschule nach Berlin.

1929 erhielt er die Hughes Medaille der Royal Society, 1934 den Arrhenius Preis der Universität Leipzig und 1938 die Dudell Medaille der Physical Society London. Er war u.a. Mitglied der Preußischen Akademie der Wissenschaften.

Nach 1933 bewahrte ihn seine konversative, aber weltoffene Grundhaltung vor einer intensiven politischen Einbindung in den Nationalsozialismus. Heute wird Geiger in Ost und West auch politisch gewürdigt, da er zu jenen deutschen Physikern gehörte, die gelegentlich jüdischen Wissenschaftlern über Kontakte nach England, insbesondere zu Rutherford, halfen, im Ausland wieder eine Existenz zu finden.

Ab 1939 beteiligte sich Geiger an den Aktivitäten des Uranvereins. Er
war schon seit Mitte der dreißiger Jahre der Auffassung, daß die Kernphysik zum Ausgangspunkt einer wichtigen wirtschaftlichen und technischen
Entwicklung werden könne.

Geiger besaß seit seinem Englandaufenthalt hohes wissenschaftliches
Ansehen im In- und Ausland. Als Hochschullehrer wurde er geachtet, aber
auch gefürchtet, da er Originalität und Experimentierkunst bei Diploman-
den und Doktoranden erwartete. Sein Leistungsanspruch wurde durch sein
kooperatives Verhalten gemildert: Wissenschaftlicher Rat und Gesprächsbe-
reitschaft gegenüber seinen Mitarbeitern waren ihm selbstverständlich.

Geiger war auch ein Popularisierer der neueren physikalischen Forschung seit seiner Tübinger Zeit. Er hielt Vorträge mit Experimenten ver-
schiedentlich vor über 1000 Zuhörern, die aufgrund des Andranges wiederholt werden mußten.

Hans Geiger starb am 24.9.1945 in Potsdam nach einem langjährigen,
schweren Rheumaleiden an seelischer und körperlicher Erschöpfung.

18.2 Wissenschaftliche Arbeiten

Geigers geschickte Experimentierkunst und seine Fähigkeit zu kooperativer
Forschung führte ihn früh zu beachtlichen Erfolgen. Dazu gehören der
Nachweis, daß der radioaktive Zerfall den Gesetzen der Wahrscheinlich-
keitsrechnung folgt (1908), die Geiger-Nuttallsche Beziehung zwischen der
Halbwertszeit und der Reichweite der Alpha-Strahlung (1912/13), die ge-
meinsam mit E.Marsden durchgeführten Experimente über die Streuung von
Alpha-Teilchen an dünnen Metallfolien (1908/09), die Rutherford als
Grundlage zur Bestimmung des Durchmessers eines Atomkerns und zur Entwicklung eines Atommodells dienten, wie auch gemeinsame Veröffentlichungen mit Rutherford (1908) über eine elektrische Methode zur Zählung von
Alpha-Teilchen [RHEINGANS, 1988a]. Sie hatten damit einerseits eine Zählmethode entwickelt, die auf einem anderen Effekt, nämlich auf der Stoßio-
nisation, aufbaute und nicht mehr die "subjektive" Szintillationszählung
benötigte. Andererseits konnten sie zeigen, daß jede Szintillation auf
einem Zinksulfidschirm tatsächlich von *einem* Alphateilchen stammt, da die
neue Zählmethode die bisherige Szintillationszählung bestätigte.

Der "Kugelzähler" (Abb.18.1), 1912 von Geiger und Rutherford konstruiert, war ein vielversprechender Schritt in die Richtung auf die automa-
tische Registrierung von Teilchen [RHEINGANS, 1988b]. Der eigentliche
Durchbruch auf diesem Gebiet gelang Geiger 1913 mit dem erheblich emp-
findlicheren Spitzenzähler (Abb.18.2), der auf dem Effekt der Spitzenent-

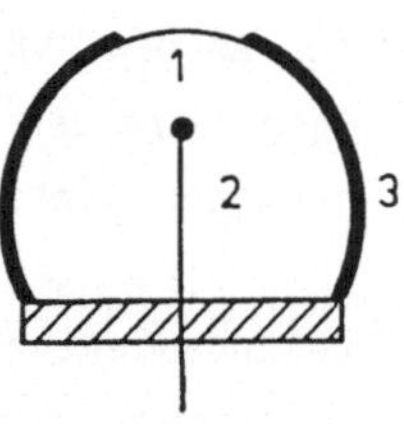

18.1 Geigers Konstruktion des Kugelzählers von 1912; 1 Fenster; 2 "Kugel"; 3 Zählerkörper; der Kugelzähler arbeitete aber unzuverlässig

ladung beruht [GEIGER, 1913]. Diesen Zähler konnte man mit den "einfachsten Handgriffen aus einigen Stückchen Messingrohr, Wollastondraht, Hartgummi, Klebwachs, einer Nähnadel, einer 'Elektrisiermaschine' und einem Tuschestrich auf Papier" [BOTHE, 1942] aufbauen und sowohl Alpha- als auch Beta-Teilchen zählen. An der Entwicklung des Spitzenzählers hatten auch seine damaligen Mitarbeiter bzw. Schüler, die späteren Nobelpreisträger W.Bothe und J.Chadwick, Anteil.

Mit der "Koinzidenzmethode", d.h. der gleichzeitigen Registrierung radioaktiver Strahlung durch mehrere Zähler, wurde es möglich festzustellen, ob gleiche oder verschiedene Strahlen *gleichzeitig* entstehen, also ursächlich verbunden sind. Bothe und Geiger wiesen 1925 die Eignung der Methode bei der Untersuchung von Grundproblemen der Physik nach, indem sie die Wechselwirkung von Elementarteilchen beim Comptoneffekt zeigen konnten. Ihnen gelang der Nachweis, daß ein gestreutes Röntgenphoton und ein gestreutes Elektron stets gleichzeitig auftreten und Energie- und Impulssatz erfüllen.

Die Koinzidenzmethode hatte Geiger auch 1914 in die Lage versetzt, die einwandfreie Funktion des Spitzenzählers nachzuweisen, aber welcher physikalische Wirkungsmechanismus den Vorgängen in der Zählkammer zugrunde lag, war lange Zeit ein Rätsel. Geigers Interesse an diesen Entladungsvorgängen war auch die Ursache für das Thema seines ersten Doktoranden, Walter Müller. Dessen Arbeit war u.a. die Grundlage für die physikalische Deutung des Multiplikations- und Auslöseeffektes. Im Jahr 1928 gelang es Müller, die Empfindlichkeit einer Zählkammer mit koaxialer Elektrode, dem späteren Zählrohr, beträchtlich zu erhöhen. Dabei nahmen die spontanen

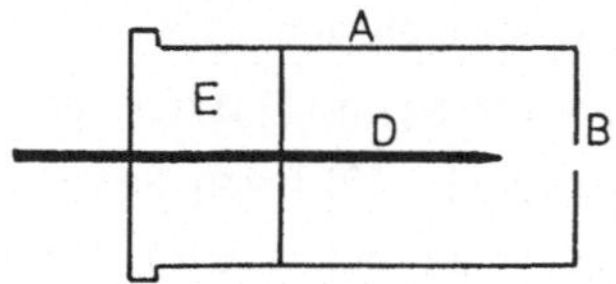

18.2 Geigers Konstruktion des Spitzenzählers von 1913 [GEIGER, 1913a]; A Messingrohr (20mm); B Messingscheibe mit zentralem Fenster (2mm); D Draht mit feiner Spitze, 8mm vom Fenster entfernt; E Ebonitstopfen; Betriebsspannung 1,2kV; zuverlässige Konstruktion

Ionisationen, die Geiger und Rutherford dem Rohr-Draht-System zuschrieben und auf Kosten der Empfindlichkeit unterdrückt hatten, erheblich zu. Durch Abschirmversuche konnten Geiger und Müller zeigen, daß die kosmische Strahlung die Ursache dieser spontanen Störungen war [RHEINGANS, 1988c]. Sie hatten das "empfindlichste Organ der Menschheit" (Einstein), das Geiger-Müller-Zählrohr, geschaffen [SWINNE, 1988]. Mit diesem Meßinstrument und seinen vielfältigen Weiterentwicklungen wurden in den folgenden Jahren bis heute wesentliche Fortschritte in der Kernphysik erzielt und die Kenntnisse über den Aufbau der Materie erweitert.

An der TH Berlin-Charlottenburg beschäftigte sich Geiger vorwiegend mit der kosmischen Strahlung und untersuchte u.a. mit O.Zeiller mittels Koinzidenzmethoden die Verteilung der Strahlen in Strahlenschauern. Es gelang Geiger aber nicht, diese Naturerscheinungen eindeutig zu klären.

Daneben betrieb Geiger eine umfangreiche literarische Tätigkeit. Außer der Herausgabe des 24bändigen "Handbuches der Physik", das heute noch zu den Klassikern physikalischen Schrifttums der zwanziger Jahre zählt, ist insbesondere seine Herausgebertätigkeit für die "Zeitschrift für Physik" zu erwähnen; hier setzte Geiger mit Nachdruck gegenüber den Autoren ein allseits anerkanntes Niveau der Zeitschrift durch. (E.Swinne)

18.3 Spitzenzähler

18.3.1 Nachbau eines Spitzenzählers

Der Geigersche Spitzenzähler von 1913 wurde nach der Skizze der Abb.18.2 gebaut. Zusätzlich machte Geiger die Angaben, daß der Durchmesser des Loches 2mm, der Abstand Spitze-Loch 8mm betragen solle. Eine Nähnadel erfülle diesen Zweck; hier wurde aber ein Wolframdraht (1mm) zur Spitze abgedreht und zur Verfeinerung abgeätzt (Verfahren E.Müller, Kap.19). Abb.18.3 zeigt den Zählerkörper, auf der Drehbank angefertigt, Abb.18.4 die benutzte Schaltung mit einem Schnitt des Zählers.

Die Spitze im Innern des Zählerkörpers muß der negative Pol sein, damit der Zähler arbeiten kann. Die Ladung, die durch jedes durch das Loch in die Nähe der Spitze gelangende, radioaktive Teilchen frei wird, fließt über einen hochohmigen Widerstand (20MOhm) ab, der innerhalb des Zählerkörpers eingebaut und nicht sichtbar ist. Dabei verursacht die abfließende Ladung einen Spannungsstoß, der über ein Abschirmkabel einem normalen NF-Verstärker zugeführt wird, der ihn verstärkt und im Lautsprecher als Knacken hörbar macht. Da Verstärkereingänge in der Regel auf Erdpotential liegen, kann nicht der negative Hochspannungspol dem Verstärker zugeführt

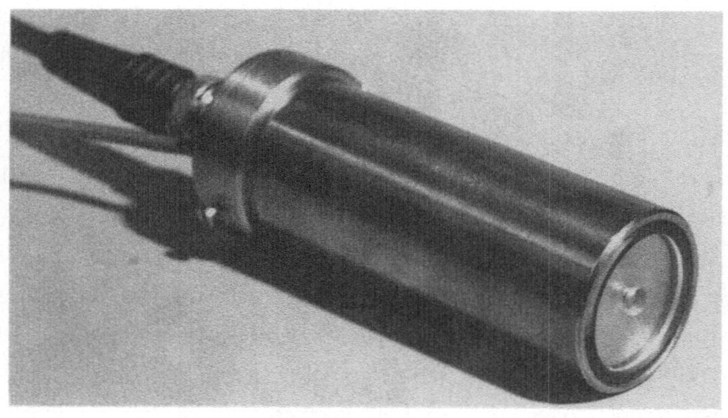

18.3 Nachbau eines Spitzenzählers; sichtbar sind Eingangsöffnung, Plexiglasisolation, Abschirmkabel und Kabel für Spannungszuführung

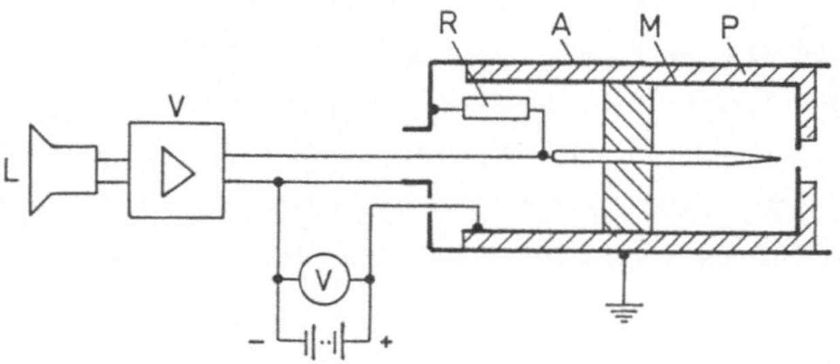

18.4 Schaltbild der Anordnung mit Schnitt durch den Zähler
R Widerstand 20MOhm; V NF-Verstärker; L Lautsprecher; M Zählermantel;
P Plexiglasisolation; A Abschirmrohr; Betriebsspannung 1,4kV

werden, sondern es muß der positive, hochgespannte Pol an das Gehäuse des Zählers gelegt werden, was zu einer gefährlichen Experimentiersituation führen könnte. Um diese zu vermeiden, wurde hier der Zählermantel mit einem Plexiglasrohr umschlossen, das wiederum durch ein weiteres, an Erde liegendes Abschirmrohr verhüllt ist. Auch die Frontfläche ist entsprechend isoliert; man kann die durchbohrte Plexiglasscheibe, hinter der sich der Zählereingang verbirgt, auf Abb.18.3 erkennen. Das sichtbare, dünne Kabel dient der Zuführung der positiven Gleichspannung an den Zählermantel, die zwischen 1,3 und 1,5kV betragen sollte. Die Abb.18.5 zeigt die Gesamtanordnung, mit der die folgenden Versuche gemacht worden sind.

18.3.2 Versuche mit dem Spitzenzähler

Weil ein Spitzenzähler im Gegensatz zum Geiger-Müller-Zähler ein *offenes* Fenster hat, ist er besonders gut zum Nachweis von Elektronen (Beta-Strahlen) geeignet, die sonst leicht von einem verschlossenem Fenster absorbiert werden. Die handelsüblichen radioaktiven Beta-Strahlpräparate

18.5 Gesamtansicht des Nachbaus; (links) NF-Verstärker, (oben) Spitzenzähler mit in Position gebrachtem, radioaktiven Präparat, (hinten) Span-
nungsversorgung, (rechts) Spannungskontrolle

wie ^{204}Tl oder ^{90}Sr/^{90}Y lassen den Spitzenzähler gut ansprechen. Jedes
eintreffende Teilchen verursacht ein leises, aber deutlich hörbares Signal. Die Empfindlichkeit für Alpha-Strahlen ist dagegen höher, weil diese
sehr viel mehr Ionenpaare und deshalb ein stärkeres Signal erzeugen. Als
Präparat eignet sich beispielsweise ^{210}Po. Durch das unterschiedliche Ge-
räusch kann sicher zwischen ankommenden Beta- und Alpha-Teilchen unterschieden werden. Die Gamma-Strahlen, die das letztgenannte Präparat
gleichzeitig erzeugt, werden aber nicht registriert. Weiterhin ist die
Nullrate der natürlichen Radioaktivität und der kosmischen Strahlung mit
einem Spitzenzähler nicht nachweisbar. Dazu wäre ein empfindlicherer
Geiger-Müller-Zähler erforderlich, der mit einfachen Mitteln nicht zu
bauen ist.

19. Erwin Müller und das Feldelektronenmikroskop

19.1 Biographisches

Erwin Wilhelm Müller wurde 1911 in Berlin geboren und hat ab 1930 an der
damaligen Technischen Hochschule (heute: Technische Universität) Berlin
Physik studiert. 1935 legte er sein Diplom ab [BLOCK, 1977]. G.Hertz, der
damals Leiter des Forschungslabors II der Siemenswerke war, stellte ihm
1934 seine Dissertationsaufgabe: Er sollte die von Bethe und Sommerfeld
1930 entwickelte Theorie der Feldelektronenemission experimentell überprüfen. Die beiden Theoretiker meinten nämlich, daß Elektronen nicht nur
eine glühende, sondern auch eine kalte Kathode verlassen können, wenn die
elektrische Feldstärke sehr groß ist. Diese Arbeit war der Beginn seines
Lebenserfolges. 1950 habilitierte er sich und erhielt 1951 eine Professur
an der Freien Universität Berlin. Es war im Jahre 1952 ganz außergewöhn-
lich, eine Einladung als Research Professor an die Pennsylvania State
University in die USA zu erhalten. Noch im gleichen Jahr erhielt er die
Carl-Friedrich-Gauß-Medaille. Bei den Feierlichkeiten hielt M.v.Laue die
Laudatio, obwohl gerade v.Laue die Interpretation Müllers bezweifelte,
daß die "Abbildungen" auf dem Leuchtschirm tatsächlich die Form der
aufgedampften Phthalozyaninmoleküle, Moleküle mit dem Aussehen eines
vierblätterigen Kleeblattes, widergäben. Die Kritik erwies sich später
als unberechtigt.

Müller veranstaltete regelmäßig in den USA internationale Feldemissi-
onssymposien, in denen der Stand des aktuellen Wissens ausgetauscht wurde. Die 23.Sitzung fiel mit dem Jahr der Emeritierung Müllers zusammen.
Aus diesem Anlaß wurde er wegen seiner Verdienste um die Feldemission zum
"Honorary President of the International Field Emission Symposium" auf
Lebenszeit gewählt. Leider konnte er aber die nächste Sitzung in Oxford
nicht mehr miterleben. Erwin Müller starb überraschend am 17.5.1977 in
den USA [BLOCK, 1977].

Die Ergebnisse Müllers galten in den ersten Jahren nach dem Kriege als
physikalische Sensation, deshalb häuften sich für ihn die wissenschaftlichen Einladungen in alle Welt, weil jedermann Atome und Moleküle einmal

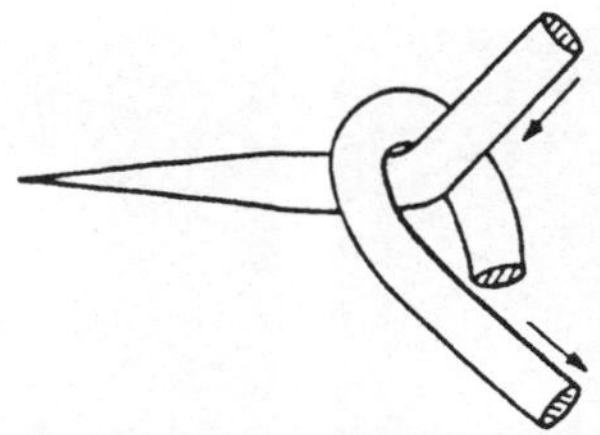

19.1 E.W.Müllers Konstruktion des Wolframdrahtbügels mit geätzter Spitze

"sehen" wollte. Auch der Autor hat als Student einen Experimentalvortrag von Müller gehört. Müller führte damals das Feldelektronenmikroskop im großen Hörsaal der TU Berlin "live" und als Film vor und begeisterte die Zuhörer und auch den Autor so, daß er sich spontan für eine Examensarbeit aus diesem Gebiet entschloß.

19.2 Wissenschaftliche Arbeiten

Zunächst mußte es als recht nebensächlich erscheinen, die zum Erreichen hoher elektrischer Feldstärken erforderlichen Spitzen nicht mechanisch, sondern chemisch durch Abätzen von Wolframdraht in einer Schmelze von Natriumnitrit herzustellen [MÜLLER, 1936]. Müller erhielt nach diesem von ihm erfundenen Verfahren Spitzenradien von nur 0,1 Mikrometer, die niemals auf mechanischem Wege herstellbar gewesen wären. Weiterhin gab der hoch erhitzbare Wolframdraht, so geschickt zu einer Drahtschleife gebogen, daß ein Ende frei war und zur Spitze geätzt werden konnte (Abb.19.1), die Möglichkeit, letztere extrem auszuheizen, was diese rundete und von Fremdstoffen reinigte. Die Abb.19.2 zeigt die endgültige

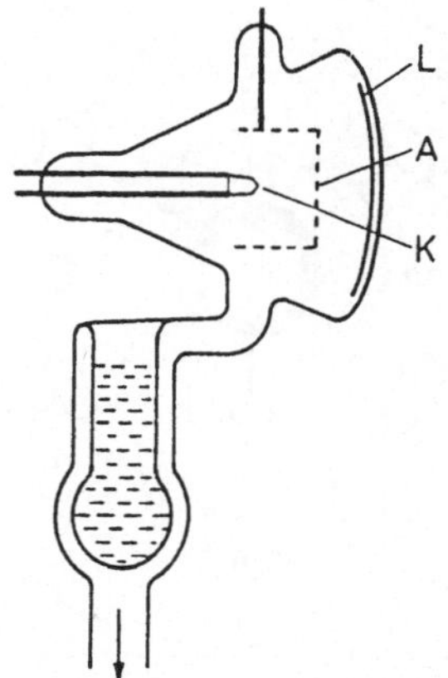

19.2 Müllers erstes Feldelektronenmikroskop von 1937; (unten) angeschmolzene Kühltasche mit flüssigem Stickstoff gefüllt; beides wurde von Müller vor der Befüllung mit dem Kältemittel stundenlang bei 450°C ausgeheizt

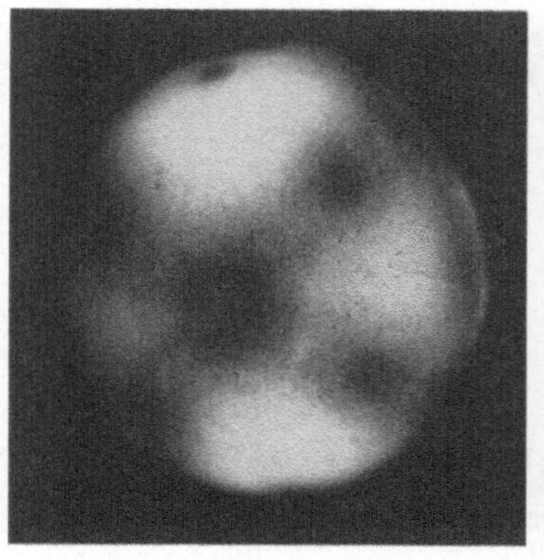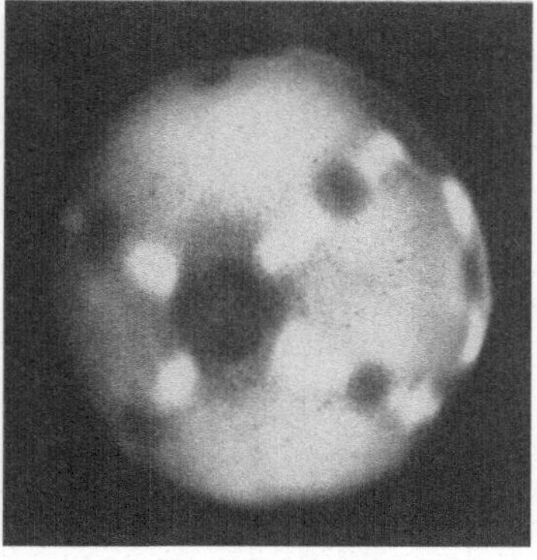

19.3 Photographie des Leuchtschirms bei Feldemission; (links) reine Molybdänspitze; (rechts) die gleiche Spitze ist mit Gasmolekülen bedeckt, dadurch werden Flächen des Einkristalles mit höheren Indices sichtbar

Form des Müllerschen Feldelektronenmikroskops [MÜLLER, 1949a]. Das FEM war ab 1937 in seiner Grundkonstruktion fertig, mit dem Müller Leuchtschirmbilder erzeugte, die der Verfasser wiederholen konnte [MÜLLER, 1937] (Abb.19.3). Man sieht auf dem Leuchtschirm dunkle Flächen, die Müller der Kristallstruktur eines Wolframeinkristalles zuordnen konnte. Die kristallographische Indizierung der dunklen Flächen gab Müller zunächst 1943 [MÜLLER, 1943] an und vervollständigte das Bild später durch Ordnung in Zonenverbänden (Abb.19.4) [MÜLLER, 1949b]. 1938-1943 folgten Studien über Adsorption an reinen Metalloberflächen, die Entdeckung der Felddesorption, Messungen zu Austrittsarbeiten mittels Feldemission und Untersuchungen über die Oberflächendiffusion auf der FEM-Spitze.

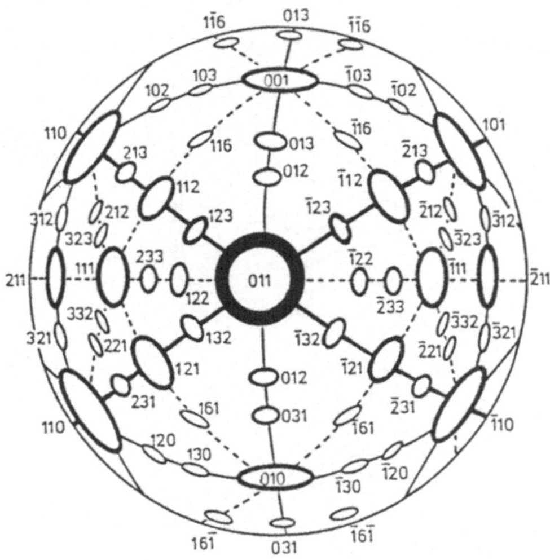

19.4 Die wichtigsten Flächen und die Zonenverbände; (111) dick ausgezogen, (001) dünn ausgezogen und (011) gestrichelt

Ein großer Erfolg für Müller war das Gelingen der Versuche zur Umkehr
der Feldspannung. Dadurch wurde aus dem Feldelektronenmikroskop ein
Feld*ionen*mikroskop. Dieses ist dem FEM bezüglich der Auflösung weit über-
legen. Dadurch konnte er nicht nur die Existenz der Atome optisch nachweisen, sondern diese auch sehen (1956). Bald fanden sich Anwendungen in
der Grenzflächenphysik und in der Metallurgie. Die Felduntersuchungen er-
möglichten die Entwicklung der "atom probe" zur massenspektroskopischen
Identifizierung einzelner Atome [BLOCK, 1977].

19.3 Experimente mit dem Feldelektronenmikroskop

Der Aufbau eines Feldelektronenmikroskops ist technisch erheblich einfacher, als der Bau eines Elektronenmikroskops mit elektrischen und magnetischen Linsen. Das FEM arbeitet nämlich ohne Linsensysteme, vielmehr
nutzt es den Schattenwurf einer punktförmigen Elektronenquelle. Allerdings mußte Müller ein Vakuum besser als 10^{-8} hPa erzeugen. Beim FEM ist
nämlich nicht mehr die freie Weglänge, die nach der kinetischen Gastheo-
rie (im Mittel) ein Elektron ohne Zusammenstoß mit einem Gasmolekül zu-
rücklegen kann, die maßgebende Größe für die Qualität des Vakuums, sondern die sog. Bedeckungszeit einer Oberfläche. Bei einem Druck von 10^{-6}
hPa, das ist bestes Hochvakuum, sind nämlich bereits in 2 Sekunden alle
Oberflächen, also auch die der feinen Spitze, mit Molekülen bedeckt, die
von Restgasen stammen und eine Beobachtung der reinen Wolframoberfläche
verhindern. Müller trieb großen Aufwand, den Gasdruck auf den gewünschten
Druck zu erniedrigen, da ihm nur die damals üblichen Quecksilberdiffusi-
onspumpen in Glasbauweise zur Verfügung standen, denn die Ultrahochvaku-
umtechnik - das FEM war das erste Experiment, das ein solches benötigte -
war noch nicht entwickelt. Er schmolz Rezipient, Kühlfalle und Pumpenend-
stufe zu einem Stück zusammen, um sie zunächst gemeinsam auszuheizen und
zu entgasen, bis der eigentliche Pumpvorgang begann (Abb.19.2).

Heute ist das viel einfacher geworden: Der Verfasser blies an das oben
auf Abb.19.5 sichtbare FEM eine kleine Ionengetterpumpe an, die - nach
Vorevakuieren mit einer Öldiffusionspumpe - den Druck auf 10^{-8}hPa ernie-
drigte und im Dauerbetrieb aufrecht erhielt. Links sieht man das Netzgerät zur Ionengetterpumpe, während der Pumpansatz unterhalb des FEM sichtbar ist. Daneben steht ein Lichtzeigergalvanometer, das Ströme von 10^{-8}A
mißt und mit Hilfe des Netzgerätes Auskunft über den Druck im Rezipienten
gibt. Im Hintergrund versorgt der negative Pol eines Hochspannungsgenera-
tors die Spitze des Feldelektronenmikroskop mit einer Spannung zwischen 6
und 10kV gegen Erde, die das statische Voltmeter (vorn) anzeigt. Mit ei-

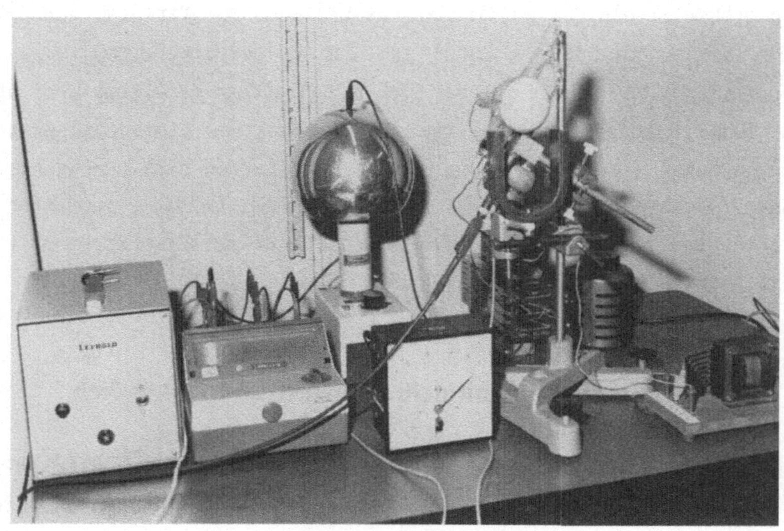

19.5 Gesamtanordnung des Nachbaus

nem Transformator, dessen niederohmige Sekundärwicklung genügend isoliert
ist, kann die Wolframdrahtschleife, an der die Spitze sitzt, zur Weiß-
glut, eine Molybdänschleife aber nur bis zur Gelbglut erhitzt werden, was
natürlich bei abgeschalteter Hochspannung geschehen muß, weil sonst
Glühemission eintritt und die Spitze zerstört. Die Form der Anode ist un-
kritisch, hier ist sie aus Symmetriegründen ein Drahtring, der ebenfalls
mit Hilfe eines anderen, rechts stehenden Transformators zum Zwecke der
Entgasung ausheizbar ist. Eine besondere Isolation ist an der Anode nicht
erforderlich, da sie auf Erdpotential liegt.

Bei Betrieb erhält man Schattenwürfe wie auf Abb.19.3. Links sieht man
das Bild der reinen Spitze. Nach einigem Warten beginnt sie sich mit
Fremdmolekülen zu bedecken und erzeugt das rechte Bild. Durch vorsichti-
ges Erwärmen der Spitze, wegen der zu vermeidenden Glühemission höchstens
bis zur dunklen Rotglut, beginnen sich die adsorbierten Gasmoleküle zu
bewegen und diffundieren an der Oberfläche entlang, was man als Flimmern
auf dem Bildschirm beobachten kann. Ein Ausglühen der Spitze nach Ab-
schaltung der Hochspannung vertreibt alle adsorbierten Moleküle und läßt
danach wieder das Bild der reinen Spitze (links) entstehen.

Im Lehrmittelhandel käufliche Feldelektronenmikroskope haben aus
Preisgründen keine angeschmolzene Ionengetterpumpe; deshalb ist es möglich, daß solche das Vakuum über Jahre nicht ausreichend aufrecht erhalten können. Belastet man sie dann zu stark, entweder aus Fahrlässigkeit
oder um das Bild heller zu bekommen, zerstört eine Glimmentladung die
Spitze und damit das FEM. Nach dem Zerlegen kann man unter dem Mikroskop

feststellen, daß die ursprünglich submikroskopische Spitze zu einer kleinen Kugel verschmolzen ist, die einen erheblich größeren Krümmungsradius
hat und keine Feldemission mehr zuläßt. Deshalb ist es ratsam, zur Verhinderung der Glimmentladung in die Hochspannungsleitung einen Hochohmwi-
derstand von etwa 100 MOhm zu schalten.

Referenzen

Kapitel 1

[WUSSING, 1978] H.Wussing: Isaak Newton (Teubner, Leipzig)
a S.13-15, b S.18, c S.22, d S.23, e S.27,
f S.113, g S.120, h S.133, i S.32f, j S.46

[NEWTON, 1730] I.Newton: Opticks (Based on the fourth Edition
London, Dover Publ., New York, 1979) p.47

Kapitel 2

[RHEINGANS, 1987] F.G.Rheingans: O.v.Guericke, D.G.Fahrenheit,
A.Celsius Zur Geschichte der Physik und
Technik in Berlin. (D.A.V.I.D. Verl.-Ges.,
Berlin) a S.38-47, b S.44

[COHEN, 1936] E.Cohen und W.A.T.Cohen-de Meester: Daniel
Gabriel Fahrenheit. In: Chemisch Weekblad 33,
S.388-89

[STAR, 1983] P.van der Star (Hrsg., Übers., Bearb.):
Fahrenheit's Letters to Leibniz and Boerhaave.
(Museum Boerhaave, Leiden und Rodopi, Amsterdam)
a S.21, b S.29, c S.11-12

[MOMBER, 1890] A.Momber: Daniel Gabriel Fahrenheit: Sein Leben
und Wirken. In: Schriften der Naturforschenden
Gesellschaft in Danzig 7, S.136-38

[MEYER, 1951] F.A.Meyer: Daniel Gabriel Fahrenheits Anteil an der
Entdeckung des Platins. In: Erzmetall 4, S.221-22

Kapitel 3

[LICHTENBERG, 1970] G.C.Lichtenberg: Biographie Lamberts. In:
M. Steck (Hrsg.): Bibliographia Lambertiana.
(Gerstenberg, Hildesheim, 1970) a S.VII, b S.XIII

[LAMBERT, 1892 III] Lamberts Photometrie, drittes Heft. In: Ostwalds
Klassiker der exakten Naturwissenschaften, Heft 33
(Engelmann, Leipzig, 1892) S.58

[LAMBERT, 1892, I] Lamberts Photometrie, erstes Heft, ibd. Heft 31
a S.5, b S.14, c S.18, d S.30f, e S.35

[POHL, 1976] R.W.Pohl: Optik und Atomphysik. (Springer, Berlin/
Heidelberg, 13.1976) S.51ff

Kapitel 4

[CANDAUX, 1974] J.-D.Candaux: Histoire de la famille Pictet
(1474-1974) 2 Bde., (Etienne Braillard, Genève Bd.II)
S. 271-286

[WEISS, 1988]   B.Weiss: <u>Zwischen Physikotheologie und Positivismus:</u>
                     <u>Pierre Prevost und die korpuskular-kinetische Physik</u>
                     <u>der Genfer Schule</u> (Lang, Frankfurt/Bern/New York)

[JUNOD, 1982]   A.Junod: <u>Le panneau solaire, invention genevoise?"</u>
                     (In: Musées de Genève no. 228) S. 2-6

[SCHEELE, 1777]   C.W.Scheele: <u>Chemische Abhandlung von der Luft und</u>
                     <u>dem Feuer</u> (Leipzig/Upsala 1777, W.Ostwald <Hrsg.>
                     Leipzig 1894 in Ostwalds Klassiker Nr. 58) S. 42-47.

[LAMBERT, 1779]   J.H.Lambert: <u>Pyrometrie oder vom Maaße des Feuers und</u>
                     <u>der Wärme</u> (J.G.Karsten <Hrsg.>, Berlin 1779)
                     S. 210-211.

[SAUSSURE, 1779]   H.-B.de Saussure: <u>Voyages dans les Alpes</u>, 4 Bde.
                     (Barde, Manget & Cie Neufchatel/Genève, 1779-1796,
                     Nachdruck: Slatkine Genève 1978) Bd.II S.355

[PICTET, 1790]   M.-A.Pictet: <u>Essai sur le feu</u> (Genève) Dtsch.:
                     <u>Versuch über das Feuer</u> (J.G.Gotta, Tübingen)
                     S. 77-79.

[PREVOST, 1791]   P.Prevost: Mémoire sur l'équilibre du feu In: Journal
                     de Physique 38 S.314-323

[PREVOST, 1809]   P.Prevost: <u>Du calorique rayonnant</u> (Paschoud, Paris/
                     Genéve)

[FOURIER, Oeuvres]   J.B.J.Fourier: <u>Oeuvres. Publiés par les soins de</u>
                     <u>Gaston Darboux</u> 2 Bde.(Imprimerie Nationale Paris,
                     1888-1890)

Kapitel 5

[MAUTNER, 1968]   F. H. Mautner: <u>Lichtenberg, Geschichte eines Geistes</u>
                     (de Gruyter, Berlin) a S.4, b S.60, c S.135,
                     d S.241, e S.298, f S.298f, g S.361, h S.375,
                     i S.319,437, j S.74, k S.168, l S.170, m S.247,
                     n S.355f, o S.427, p S.210

[LICHTENBERG, 1983] G.C.Lichtenberg: <u>Aphoristisches zwischen Physik</u>
                     <u>und Dichtung</u>, hrsg. von J.Teichmann (Vieweg,
                     Braunschweig/Wiesbaden) a S.157-168, b S.145

[GROSSMANN, 1989]   S.Großmann: Selbstähnlichkeit - Das Strukturgesetz
                     im und vor dem Chaos. Phys.Bl.<u>45</u>, H.6, S.175

Kapitel 6

[KOCH, 1975]   K. Fassmann (Hrsg.) <u>Die Großen der Weltgeschichte</u>
                     Bd.VI, S.Koch: Volta (Kindler, Zürich) a S.874,
                     b S.878, c S.879, d S.885, e S.877

[BEUERMANN, 1981]   G.Beuermann, Th.Werner: Prax.d.Nat.Wiss. (Phys.) <u>30</u>,
                     H.10, S.307ff

[RITTER, 1966]   F.Klemm, A.Hermann (Hrsg.): <u>Briefe eines romantischen</u>
                     <u>Physikers, J.W.Ritter</u> (H.Moos, München) S.32

[V.ANGERER, 1966]   E.v.Angerer: <u>Technische Kunstgriffe bei physikalischen</u>
                     <u>Untersuchungen</u> (Vieweg, Braunschweig) S.120-122

Kapitel 7

[ARAGO, 1855]   W.G.Hankel (Hrsg): <u>Franz Arago's sämmtliche Werke</u>
                     Bd.III (Wigand, Leipzig)
                     a S.91-93, b S.95, c S.106, d S.103,
                     e S.121, f S.106, g S.108, h S.109,
                     i S.111, j S.114, k S.116, l S.117f

[MACH, 1921]   E.Mach: <u>Die Prinzipien der physikalischen Optik</u>
                     (Barth, Leipzig) S.267

[POHL, 1976]   R.W.Pohl: Optik und Atomphysik (Springer, Berlin/
                      Heidelberg/New York) S.137

Kapitel 8

[ARAGO, 1854]   W.G.Hankel (Hrsg.): Franz Arago's sämmtliche Werke
                      Bd.I (Wigand, Leipzig) a S.90, b S.92, c S.93,
                      d S.94, e S.95, f S.147, g S.102, h S.103, i S.128,
                      j S.131, k S.134ff
[POHL, 1976]   R.W.Pohl: Optik und Atomphysik (Springer, Berlin/
                      Heidelberg) S. 136
[POHL, 1969]   R.W.Pohl: Mechanik, Akustik, Wärmelehre (Springer,
                      Berlin/Heidelberg) S.210
[FRAUENFELDER/HUBER, 1967] P.Frauenfelder, P.Huber: Einführung in die
                      Physik II.Bd. (Reinhardt, Basel) S.422-424

Kapitel 9

[MOELLER, 1977]   K.M. Moeller: H.C.Oersted In: Dänische Rundschau,
                      Sonderausgabe zum 14.8.1977, Hrsg.: Dän. Außen-
                      ministerium a S.47, b S.48
[GUDMANDSEN, 1977]   P. Gudmandsen: In der vordersten Frontlinie der
                      Forschung ibd.S.3f
[SCHMIDT, 1977]   E. Schmidt: Mit der naturwissenschaftlichen Elite
                      auf Gesprächsfuß ibd. a S.24f, b S.26, c S.27,
                      d S.28, e S.29
[OERSTED, 1820]   H.C.Oersted: (Rundbrief) Experimenta circa effectum
                      conflictus electrici in acum magneticam (Exemplar d.
                      Uni.Bibl.Göttingen) Kopenhagen, 21.7.1820
[GILBERT, 1820]   J.Chr.Oersted: Versuche über die Wirkung des elec-
                      trischen Conflicts auf die Magnetnadel In: Leybold-
                      Welle 1, H.4. 1960; a S.19, b S.20, c S.21
[THOMSON, 1820]   J.C.Oersted: Experiments on the Effect of a Current
                      of Electricity on the Magnetic Needle
                      In: Thomsons Ann.Phil.XVI. London, p.273-76
[ACHILLES, 1985]   M.Achilles: Der Oerstedversuch und die Wirkung des
                      Eisens auf Magnetfelder In: Prax.Nat.Wiss.(Phy) 34,
                      S.31-36
[POHL, 1975]   R.W.Pohl: Elektrizitätslehre (Springer, Heidelberg/
                      Berlin) S.152
[LAMBECK, 1984]   M.Lambeck: Lorentzkraft und Induktionsgesetz In:
                      Prax.Nat.Wiss.(Phy) 33, S.257-260

Kapitel 10

[ARAGO, 1854]   W.G.Hankel (Hrsg.): Franz Arago's sämmtliche
                      Werke Bd.II (Wigand, Leipzig) S.3-94, a S.89,
                      b S.47, c S.45, d S.51, e S.52, f S.53
[TEICHMANN, 1986]   J.Teichmann u.a.: Einfache physikalische
                      Versuche zu Geschichte und Gegenwart
                      (Deutsches Museum, München, 3.1986) S.28
[KAISER, 1976]   K.Fassmann (Hrsg.): Die Großen der Welt-
                      geschichte Bd.VII, W.Kaiser: André Marie
                      Ampère (Kindler, Zürich) S.326-331
[GERLAND, 1899]   E.Gerland/F.Traumüller: Geschichte der
                      Physikalischen Experimentierkunst (Engel-
                      mann, Leipzig) S.379

Kapitel 11

[WIEDERKEHR, 1986] K.H. Wiederkehr: Stichwort "Seebeck".
In: F. Krafft (Hrsg.): Große Naturwissenschaftler
(VDI-Verl., Düsseldorf, 1986) S.311f

[SEEBECK, 1821] Th.J. Seebeck: Zur Entdeckung des Elektromagnetismus. In: Ostwalds Klassiker der
exakten Naturwissenschaften Nr.63
(Engelmann, Leipzig, 1895) a S.79, b S.80, c S.19

[SEEBECK, 1822] Th.J. Seebeck: Magnetische Polarisation der Metalle
und Erze durch Temperaturdifferenz.
In: ibd. Nr.70 a S.5, b S.114-117, c S.59

[HÖFLING, 1978] O.Höfling (Hrsg.): Optik und Relativitätstheorie.
In: Lexikon der Schulphysik Bd.5 (Aulis, Köln, 1978)
S.132

Kapitel 12

[DEUERLEIN, 1954] Georg Simon Ohm, 1789-1854 Leben und Werk des
großen Physikers (Palm & Enke, Erlangen)
a S.4, b S.7, c S.8, d S.9, e S.11, f S.15,
g S.16, h S.17, i S.18, j S.14

[OHM, 1825] G.S. Ohm: Vorläufige Anzeige des Gesetzes, nach
welchem Metalle die Contact-Elektrizität leiten.
In: Schweiggers Journal für Chemie und Physik 44,
110-118 und Poggendorffs Annalen 4, 79-86

[OHM, 1826] G.S. Ohm: Bestimmung des Gesetzes, nach welchem
die Metalle die Contactelektrizität leiten, nebst
einem Entwurfe zu einer Theorie des Voltaschen
Apparates und des Schweiggerschen Multiplikators.
In: Schweiggers Journal f.Che.u.Phys. 46,
137-166

[OHM, 1827] G.S. Ohm: Die galvanische Kette, mathematisch bearbeitet (Berlin) in [LOMMEL, 1889]

[LOMMEL, 1889] E. Lommel: Georg Simon Ohms wissenschaftliche
Leistungen (Verl.d.k.bayr.Akad., München)
a S.9, b S.4 u.11, c S.19, d S.7

[FECHNER, 1831] Das Grundgesetz des elektrischen Stromes Drei Abhandlungen von G.S.Ohm u. G.Th. Fechner, In: Ostwalds
Klassiker Bd.244 (Hrsg.C.Piel, Leipzig, 1938)

[TEICHMANN, 1976] 150 Jahre Ohmsches Gesetz, In: Elektrotechn.Z.Ausg.a,
97, 599

[ACHILLES, 1983] Die Experimente Ohms, die 1826 zu seinem Gesetz
führten In: Praxis d.Nat.-Wiss.(Phys.) 32, 78-83

Kapitel 13

[WIEDERKEHR, 1967] K.H.Wiederkehr: Wilhelm Eduard Weber (Wiss.Verl.
Ges., Stuttgart) a S.14, b S.27f, c S.45f, d S.54,
e S.72, f S.83, g S.117, h S.147f, i S.106

[BIEBERBACH, 1938] L.Bieberbach: Carl Friedrich Gauß (Keil, Berlin)
a S.15, b S.20, c S.42, d S.47

[SALIE, 1960] H.Salié: Daten aus dem Leben und Wirken von Carl
Friedrich Gauß In: H.Reichardt (Hrsg.): C.F.Gauß
Leben und Werk (Haude & Spener, Berlin) a S.16,
b S.31

[COURANT, 1955] Carl Friedrich Gauß (Musterschmidt, Göttingen) S.24

[POHL, 1955] ibd. S.9

[WIEDERKEHR, 1960]   K.H.Wiederkehr: <u>Wilhelm Webers Stellung in der
                     Entwicklung der Elektrizitätslehre</u> Diss.Math.-
                     Nat.wiss.Fak. Hamburg 1961 a S.78, b S.90, c S.94,
                     d S.110f

Kapitel 14

[EBERT, 1949]   H. Ebert: <u>Hermann von Helmholtz</u> (Wiss.Ver-
                     lagsges., Stuttgart)
                     a S.16, b S.17, c S.18, d S.21, e S.22,
                     f S.25, g S.27, h S.29, i S.30, j S.38, k S.41,
                     l S.44, m S.56, n S.69, o S.75, p S.28,
                     q S.86, r S.33, s S.34ff, t S.45, u S.60
[HELMHOLTZ, 1896 I] H.v.Helmholtz: <u>Vorträge und Reden</u> I (Vieweg,
                     Braunschweig) a S.8 u.13, b S.62f u.401, c S.126
[HELMHOLTZ, 1888]   H.Helmholtz: Über eine neue einfachste Form des
                     Augenspiegels, in: H.Helmholtz: <u>Wissenschaftliche
                     Abhandlungen</u> (Barth, Leipzig) S.271
[KURTI, 1987]   Colloquiumsvortrag Prof. N.Kurti, Oxford, im
                     Hahn-Meitner-Institut Berlin 1987
[HELMHOLTZ, 1862]   H.Helmholtz: <u>Die Lehre von den Tonempfindungen</u>
                     (Vieweg, Braunschweig 4.1877) S.270
[PLANCK, 1948]   M.Planck: <u>Wissenschaftliche Selbstbiographie</u>
                     (Barth, Leipzig, 2.Aufl.) S.16f
[HELMHOLTZ, 1896 II] H.v.H.: <u>Vorträge und Reden</u> II ibd. a S.158,
                     b S.162, c S.152, d S.163.

Kapitel 15

[MATSCHOSS, 1916]   C. Matschoss: <u>Werner Siemens, Lebensbild und
                     Briefe</u> (Berlin, 1916) a S.258, b S.259
[v.SIEMENS, 1956]   W.v.Siemens: <u>Lebenserinnerungen</u> (Prestel,
                     München, 1956) a allgemein, b S.229
[v.SIEMENS, 1889-91] W.v.Siemens: <u>Wissenschaftliche und tech-
                     nische Arbeiten,</u> (2 Bde.,Berlin 1889/91)
[HERMANN, 1978]   A. Hermann: <u>Geschichte der Physik</u> In: Lexi-
                     kon der Schulphysik von O. Höfling (Hrsg)
                     (Aulis Köln, 1978) a S.347-349, b S.76
[HEINTZENBERG, 1941] F. Heintzenberg: <u>Werner Siemens und
                     die Entstehung der Dynamomaschine</u> (Deutsches
                     Museum/Abh., Berlin 1941) S.113
[MAGNUS, 1867]   G.Magnus/W.Siemens: Über die Umwandlung von
                     Arbeitskraft in elektrischen Strom ohne
                     Anwendung permanenter Magnete: Monatsberich-
                     te der Kgl.Preuß.Akademie d. Wissenschaften
                     vom 17.1.1867 S.55-58
[NATALIS, 1935]   F. Natalis: <u>Die erste Dynamomaschine von
                     Werner Siemens im Lichte neuzeitlicher
                     Meßtechnik</u> (Wissenschaftliche Veröffent-
                     lichungen aus den Siemens-Werken XIV.Bd.,
                     Heft 1, 1935)

Kapitel 16

[YOUNG, 1948]   A.P.Young: <u>Lord Kelvin Physicist Mathematican
                     Engineer</u> (Longmans, London) a S.6, b S.29,
                     c S.31, d S.34, e S.35, f S.40, g S.8, h S.14,
                     i S.19, j S.20f, k S.26, l S.28, m S.34
[Wien, 1908]   W.Wien: Ann.Phys.<u>25</u>, 1

[Block, 1914]   W.Thomson: <u>Über die dynamische Theorie der Wärme</u>
                       In: Ostwald's Klassiker.. Nr.193
                       (Engelmann, Leipzig u. Berlin)
[FEDDERSEN, 1859]   W.Feddersen: Ueber elektrische Wellenbewegungen
                       (Pogg.) Ann.Phys.108, S.497-501
[S.THOMSON, 1910]   S.P.Thomson: <u>The Life of William Thomson Baron
                       Kelvin of Largs</u> Vol.I (Macmillan, London) p.399f
[WEINHOLD, 1921]   A.Weinhold: <u>Physikalische Demonstrationen</u>
                       (Barth, Leipzig, 6.Aufl.) S.705
[BERGMANN-SCHÄFER, 1971] Bergmann-Schäfer (Hrsg.) H.Gobrecht:
                       <u>Lehrbuch d.Exp.-Physik</u>, Bd.II <u>Elektr.u.Magn.</u>
                       (de Gruyter, Berlin, 6.Aufl.) S.69

Kapitel 17

[v.MINNIGERODE, 1978a] <u>R.W.Pohl Gedächtniskolloquium am</u>
                       <u>29.11.76</u> (Musterschmidt, Göttingen) S.53
[MOLLWO, 1978]   E. Mollwo ibd. S.14f
[STARK, 1978]   ibd. S.10
[v.MINNIGERODE, 1978b] ibd. S.57
[BORN, 1975]   M.Born: <u>Mein Leben</u> (Nymphenburg, München) S.274
[BEYERCHEN, 1982]   A.D.Beyerchen: <u>Wissenschaftler unter</u>
                       <u>Hitler</u> (Ullstein, Frankfurt/Berlin/Wien) S.63ff
[HAGA/WIND, 1899]   Haga u. Wind Ann.Phys.Che.<u>68</u>, S.884-895
[HAGA/WIND, 1903]   ibd. <u>10</u>, S.305
[WALTER/POHL, 1909]   ibd. <u>29</u>, S.331-354
[MARX, 1910]   E.Marx ibd. <u>33</u> S.1305-1391
[FRANCK/POHL, 1911]   ibd. <u>34</u> S.936
[POHL, 1912]   R.Pohl: <u>Die Physik der Röntgenstrahlen</u>
                       (Vieweg, Braunschweig)
[POHL/PRINGSHEIM, 1914] R.Pohl u.P.Pringsheim: <u>Die lichtelektrischen</u>
                       <u>Erscheinungen</u> (Vieweg, Braunschweig)
[KYROPOULOS, 1926]   Z.anorg.u.allg.Che. <u>154</u> S.308
[STASIV, 1933]   Gött.Nachr.II Nr.50, S.387
[STASIV, 1932]   ibd. Nr.26 S.261
[POHL/PRINGSHEIM, 1912] Verh.d.Phys.Ges.<u>14</u>, S.506
[BAUER, 1931]   Ann.Phys.(5) <u>8</u>, S.7
[JOOS, 1932]   R.Pohl u. W.Roos: <u>Das internationale elektrische</u>
                       <u>Maßsystem</u> (Dieterich, Göttingen)
[POHL, 1950]   R.W.Pohl: <u>Zur Darstellung der Elektrizitäts-</u>
                       <u>lehre</u> (Musterschmidt, Göttingen)
[POHL, 1975]   R.W.Pohl: <u>Einf.i.d.Physik Elektrizitätslehre</u>
                       (Springer, Berlin/Heidelberg, 21.Aufl.) S.45

Kapitel 18

[RHEINGANS, 1988]   F.G.Rheingans: <u>Hans Geiger und die elektrischen</u>
                       <u>Zählmethoden, 1908 bis 1928</u> (D.A.V.I.D. Verl.-Ges.,
                       Berlin) a S.9-20, b S.21-26, c S.39-45
[GEIGER, 1913]   H.Geiger: Über eine einfache Methode zur Zählung
                       von Alpha- und Betateilchen.
                       In: Verh.d.d.Phys.Ges.<u>15</u>, S.534-539
[BOTHE, 1942]   W.Bothe: Die Geigerschen Zählmethoden. In:Die Natur-
                       wissenschaften <u>30</u>, S.594,
[SWINNE, 1988]   E.Swinne: <u>Hans Geiger - Spuren aus einem Leben für</u>
                       <u>die Physik</u>. (D.A.V.I.D. Verl.-Ges., Berlin) S.56

Kapitel 19

[BLOCK, 1977]   J. Block: Erwin W. Müller, Sonderdruck aus Sonder-
                   heft 1977 Max-Planck-Gesellschaft, Berichte und
                   Mitteilungen
[MÜLLER, 1936]   E. Müller: Z. Phys. 102, 736
[MÜLLER, 1949]   E. Müller: Z. Phys. 126, a S.649, b S.655
[MÜLLER, 1937]   E. Müller: Z. Phys. 106, 543-46
[MÜLLER, 1943]   E. Müller: Z. Phys. 120, 270

Namenverzeichnis

Sachwortverzeichnis